广西陆域生物多样性保护优先区域
外来入侵物种图谱

GUANGXI LUYU SHENGWU DUOYANGXING BAOHU
YOUXIAN QUYU WAILAI RUQIN WUZHONG TUPU

杨瑞刚　黄锦龙　黄雪奎　杨志刚　主编

广西科学技术出版社
·南宁·

图书在版编目（CIP）数据

广西陆域生物多样性保护优先区域外来入侵物种图谱 /
杨瑞刚等主编 .-- 南宁：广西科学技术出版社，2025.

1. -- ISBN 978-7-5551-2182-4

Ⅰ . Q16-64；X176-64

中国国家版本馆 CIP 数据核字第 2024FA8610 号

广西陆域生物多样性保护优先区域外来入侵物种图谱

杨瑞刚　黄锦龙　黄雪奎　杨志刚　主编

策　　划：饶　江		责任编辑：韦贤东
责任校对：冯　靖		责任印制：陆　弟
装帧设计：黄　洁　韦宇星		

出 版 人：岑　刚
出版发行：广西科学技术出版社
社　　址：广西南宁市东葛路 66 号　　　　　邮政编码：530023
网　　址：http://www.gxkjs.com

印　　刷：广西民族印刷包装集团有限公司

审 图 号：GS（2015）2669 号
开　　本：787mm×1092mm　1/16　　　　　字　　数：235 千字
印　　张：17
版　　次：2025 年 1 月第 1 版
印　　次：2025 年 1 月第 1 次印刷
书　　号：ISBN 978-7-5551-2182-4
定　　价：168.00 元

本书获得以下项目资助：

广西陆域生物多样性保护优先区域外来入侵物种普查项目（编号 GXZC 2022–C3–001180–GXGJ）

广西生物多样性保护优先区域外来入侵物种普查项目（编号 GXZC 2023–C3–000426–DSGS）

本书由以下单位组织编写：

广西壮族自治区生态环境厅

广西壮族自治区环境保护科学研究院

广西师范大学

编委会

覃　纹（广西壮族自治区环境保护科学研究院）

谭明月（广西壮族自治区环境保护科学研究院）

唐　婕（广西壮族自治区环境保护科学研究院）

韦素娟（广西师范大学）

韦婷婷（广西师范大学）

韦媛媛（广西壮族自治区环境保护科学研究院）

向盈盈（广西师范大学）

谢探春（广西壮族自治区生态环境厅）

薛跃规（广西师范大学）

阎树发（广西师范大学）

杨　晨（广西师范大学）

杨　菱（广西壮族自治区环境保护科学研究院）

杨　平（广西南宁市良庆区鼎园植物生态资源监测工作室）

杨瑞刚（广西壮族自治区环境保护科学研究院）

杨志刚（广西壮族自治区环境保护科学研究院）

张　路（广西壮族自治区环境保护科学研究院）

张启伟（广西师范大学）

郑里华（钦州市生态环境局）

周尚发（广西壮族自治区环境保护科学研究院）

周子豪（广西师范大学）

庄炳莉（玉林市生态环境局）

摄　　影：黄锦龙（广西师范大学）

黄雪奎（广西壮族自治区环境保护科学研究院）

陈志林（广西师范大学）

陈小琳（中国科学院动物研究所）

姜春燕（中国科学院动物研究所）

陆　峰（深圳大学）

杨振德（广西大学）

党利红（陕西理工大学）

张启伟（广西师范大学）

杨瑞刚（广西壮族自治区环境保护科学研究院）

杨　平（广西南宁市良庆区鼎园植物生态资源监测工作室）

前　言

外来物种入侵事关国家生物安全、生态安全和粮食安全。近年来，随着国家、地区间交往日益频繁，外来物种无意或有意传播的机会也逐渐增多，这给我国的生态安全带来较大威胁。

生物多样性保护优先区域是生物多样性保护工作的重点区域，开展生物多样性保护优先区域外来入侵物种普查，对于保护生物多样性、维护生态安全、促进生态文明建设具有重要意义。广西境内有桂西黔南石灰岩（在正文中简称为"桂西黔南"）、南岭、桂西南山地（在正文中简称为"桂西南"）3个陆域生物多样性保护优先区域，以及南海区1个海洋和海岸生物多样性保护优先区域。

依据农业农村部等7部委《关于印发外来入侵物种普查总体方案的通知》（农科教发〔2021〕2号）及广西壮族自治区《关于印发广西进一步加强外来物种入侵防控工作方案的通知》（桂办发〔2022〕14号）要求，广西壮族自治区生态环境厅组织广西壮族自治区环境保护科学研究院和广西师范大学于2022年8月至2023年12月联合开展了广西陆域生物多样性保护优先区域外来入侵物种调查研究，在全面调查和分类鉴定的基础上，共记录外来入侵物种133种，其中植物98种（隶属于33科71属），动物35种（隶属于26科32属）。

本书收录的外来入侵物种包括《中国第一批外来入侵物种名单》《中国第二批外来入侵物种名单》《中国第三批外来入侵物种名单》《中国自然生态系统外来入侵物种名单（第四批）》《重点管理外来入侵物种名录》中的部分物种，《中国外来入侵和归化植物名录2023版》和《中国外来入侵植物志》中的部分物种，有文献记录的广西外来入侵物种，即《广西外来入侵植物研究》和《生物入侵：

中国外来入侵动物图鉴》中的部分物种。本书外来入侵物种的科的排列，植物按哈钦松系统（1926 年），动物按低等动物到高等动物；属、种名的排列，按拉丁名字母顺序。书中部分物种的拉丁名参考最新资料做了修订。

本书收录并介绍了外来入侵物种的相关重要信息，提供了清晰的彩色照片，不仅可以帮助普查工作者或大众读者识别外来入侵物种，还可为广西外来入侵物种的防控与监测提供参考。

本书在编写过程中得到业内专家的审核把关，在此深表感谢！本书虽经反复校核，但由于时间仓促以及编者水平所限，疏漏之处在所难免，欢迎读者批评指正。

目 录
CONTENTS

生物多样性保护优先区域 ·················253

外来入侵动物
Invasive alien animals

1. 松材线虫

Bursaphelenchus xylophilus（**Steiner et Buhrer**）**Nickle**

滑刃科 Aphelenchoididae　　　　　　伞滑刃线虫属 *Bursaphelenchus*

形态特征： 成虫体细长，约 1 mm；唇区高，缢缩显著。口针细长，14 ～ 16 mm，基部球明显。雌虫尾部近圆柱形，末端钝圆。雄虫体似雌虫，交合刺大且弓状成对，喙突显著，尾部似鸟爪、向腹面弯曲。

生境及危害： 主要分布在森林、风景区等区域，寄主有 81 种松属（*Pinus*）植物和 14 种铁杉属（*Tsuga*）植物。寄生在松树体内而导致树木迅速死亡，被称为松树的"癌症"。

分布区域： 桂西南（右江区南部、田阳）、桂西黔南（西林、隆林）。

传播途径： 主要通过松墨天牛（*Monochamus alternatus*）携带传播，或通过木材和木制品从疫区运输造成扩散。

防治措施： 一旦监测发现有疫情出现，应全面清除疫木、病死树并集中焚烧处理，严禁松材线虫病疫情以各种途径传播扩散。

2. 德国小蠊

Blattella germanica L.

姬蠊科 Blattellidae　　　　　　　小蠊属 *Blattella*

形态特征： 初产卵鞘乳白色渐变至黄褐色。若虫有 5 ～ 7 个期龄，低龄若虫深褐色，背板纵纹从低龄到高龄逐渐显现。成虫体小型，淡赤褐色，前胸背板具 2 条内侧平直的纵向黑色条纹。雄虫狭长，体长 10 ～ 13 mm，雌虫较宽短，体长 11 ～ 14 mm。雄虫前翅长 9.5 ～ 11.0 mm，雌虫前翅长 11 ～ 13 mm。雄虫腹部狭长，第 7 节背板特化，肛上板半透明；下生殖板左右不对称，形状不规则，左后缘有 1 个凹槽，基部两侧各有 1 块侧片（即第 9 节背板侧片），向后延伸部分侧片较宽，端部钝圆，左侧片后端远离凹槽侧缘。雌虫腹部较宽短，基部宽、赤褐色，端部狭、白色，末端钝圆，侧缘斜、略向内凹，整体略呈三角形；下生殖板宽大，表面隆起，前侧缘近半圆形，后缘圆弧形，尾须强大多毛。

生境及危害： 常出没于宾馆、厨房、餐厅等场所，户外落叶堆或草丛中也可生存。可传播多种病菌和寄生虫，对环境及人体健康造成严重影响。

分布区域： 桂西南（德保、右江区南部、龙州、宁明、扶绥、江州、防城、上思）、桂西黔南（田林、西林、隆林、乐业、天峨）、南岭（环江、罗城、恭城、富川、永福、融水、融安、灵川、兴安、灌阳、全州、资源、八步）。

传播途径： 主要通过货物、食品等物品运输扩散。

防治措施： 通过宣传教育、科普知识、制定相关制度、定期监测、化学防治和生物防治等方式进行防治。

3. 美洲大蠊

Periplaneta americana L.

姬蠊科 Blattellidae　　　　　　　　　大蠊属 *Periplaneta*

形态特征：成虫体长圆柱形，平扁，体大者长 40 ～ 45 mm，头部小、隐于前胸下方，通体红褐色。翅超过腹部末端，雄性翅长超过腹部末端之外达 4 ～ 5 mm；雌性翅略短，等于或略超过腹部末端。触角鞭状，长度超过尾端，左右触角一般不等长。前胸背板近圆形，边缘黄色，中央红棕色或棕褐色。雄性体窄，腹部窄而圆，腹部末节有一长一短 2 对尾毛；雌性体宽，腹部宽而扁，腹部末节仅有 1 对尾毛。

生境及危害：常见于商店、饭店、车船、家庭、医院、图书馆及下水道等场所。取食食物、衣物及其他杂物造成经济损失，还会传播多种病菌、霉菌、病毒及寄生虫卵和病原虫，引起人体的过敏性反应。

分布区域：桂西南（田东、德保、田阳、右江区南部、宁明、扶绥、江州、防城、上思）、桂西黔南（右江区南部、田林、西林、隆林、乐业、南丹、天峨）、南岭（环江、融水、恭城、永福、灵川、兴安、全州、临桂、八步）。

传播途径：主要通过货物、食品等物品运输扩散。

防治措施：保持环境整洁，运用物理措施、化学防治和生物防治等进行综合防治。

4. 烟粉虱

***Bemisia tabaci* Gennadius**

粉虱科 Aleyrodidae　　　　　　　　　小粉虱属 *Bemisia*

形态特征：卵初产时呈淡黄绿色，孵化前颜色变为深褐色。若虫淡绿色至黄色。一龄若虫有足和触角，在二龄、三龄时足和触角均退化成1节。蛹壳呈黄色，长0.6～0.9 mm，有2根尾刚毛，背面有1～7对粗壮的刚毛或无毛，尾管孔三角形，宽孔后端有小瘤状突起，孔内缘具不规则状齿。成虫体黄色，翅白色、无斑点，体形较温室白粉虱（*Trialeurodcs vaporariorum*）小；盖瓣半圆形，可覆盖孔的二分之一，舌状器明显伸出盖瓣之外，呈长匙形，末端具2根刚毛；腹沟明显，由管状孔通向腹末，其宽度前后相近。

生境及危害：栖息于农场、蔬菜种植区、花卉育苗场等场所，寄主植物多达600种。取食植物汁液造成植株生长衰弱，分泌蜜露并诱发煤污病；传播植物病毒，引起植物生理异常。

分布区域：桂西南（田阳、田东、右江区南部、防城、东兴）、桂西黔南（田林、隆林、西林、乐业、天峨）、南岭（环江、罗城、融水、融安、三江、永福、灵川、兴安、临桂、龙胜、资源、全州）。

传播途径：随寄主植物运输或借助风力传播扩散。

防治措施：通过化学药剂、测报技术、农业措施、生物防治及性信息素等方法防治。

5. 温室白粉虱

Trialeurodes vaporariorum **Westwood**

粉虱科 Aleyrodidae　　　　　　　　棘粉虱属 *Trialeurodes*

形态特征： 卵长 0.22 ~ 0.26 mm，长椭球形，初产时呈淡绿色，被蜡粉，后渐变为褐色，孵化前呈黑色。一龄若虫呈浅黄绿色，具触角和足，身体颜色随着生长发育逐渐加深；二龄若虫呈浅灰绿色，边缘基本平滑，眼部红色、具光泽、透明。三龄若虫边缘开始出现皱褶或突出。伪蛹长 0.7 ~ 0.8 mm，椭球形，初期身体扁平，逐渐加厚呈匣状，初为乳白色，后为黄褐色，体背有长短不齐的蜡丝，体侧有刺，足和触角退化。成虫体长 1.0 ~ 1.5 mm，呈淡黄色，翅面被白色蜡粉，双翅合拢成屋脊状，翅端半圆状，遮住整个腹部，翅脉简单，沿翅外缘有 1 排小颗粒；足胫节膨大、粗短，跗节 2 节，端部具 2 爪。

生境及危害： 常出现在温室、蔬菜大棚、果园、花卉育苗场等场所，寄主植物涉及 47 科 900 余种，通过吸食植物汁液传播寄主植物病毒病、引起煤污病等方式危害寄主植物。

分布区域： 南岭（资源、永福）。

传播途径： 随寄主植物运输或借助风力传播。

防治措施： 田间整理时灭杀幼虫，冬季傍晚棚室内应用化学药剂进行熏蒸杀虫，设置黄板诱杀成虫等。

6. 曲纹紫灰蝶

Chilades pandava Horsfield

灰蝶科 Lycaenidae   紫灰蝶属 *Chilades*

形态特征：卵呈浅绿色，直径约 0.6 mm，扁球形，正面中部略微凹陷，表面密布环形排列的扁平颗粒状凸起和规则的网状纹。老熟幼虫体长 9～14 mm，扁椭球形，足短，体色多变，体背密布短毛，头壳黑褐色，背面有较明显的竖斑纹。蛹椭球形，长 7～10 mm，多呈淡黄色、绿色，少量为红褐色且有斑纹，背部色深，翅芽色淡且明显；羽化前呈黑灰色，腹部分节明显且有 3 条纵纹，腹部末端有 3 块近三角分布的短刺突。成虫体长 10～12 mm，翅展 28～34 mm，体被短毛，腹面灰白色，背面黑灰色；触角棒状，黑色，各节基部白色；翅面紫蓝色，有金属光泽，前翅外缘黑色，后翅外缘有细的黑白边，其内为黑色窄带；翅反面灰褐色，缘毛褐色，两翅均具黑边，前翅亚外缘有 2 条具白边的灰色带，后中横斑列也具白边，在 2a 和 cu_2 室有斑斜，中室端纹棒状；翅基有 3 个具白圈的黑斑，尾突细长，端部白色。

生境及危害：栖息于绿化带、森林等处，寄主为苏铁属（*Cycas*）植物。显著影响苏铁的生长发育、观赏价值和生态价值。

分布区域：桂西南（龙州、大新、上思）、桂西黔南（西林、隆林、乐业、天峨）、南岭（融水、融安、灵川、兴安）。

传播途径：一般随栽植的苏铁属植物被人为引入，成虫迁徙性强。

防治措施：防治重点在越冬代和第一代，针对不同虫龄，适当调整用药浓度和施药次数。

7. 香蕉球茎象甲

Cosmopolites sordidus Germar

象甲科 Curculionidae　　　　　　　　根颈象甲属 *Cosmopolites*

形态特征：卵呈乳白色，椭球形，长径约 1.3 mm，短径约 0.8 mm。幼虫圆柱形，乳白色，通体疏生黄色短毛，头部黄褐色，上颚黑褐色，下颚及下唇须均为黄褐色。老熟幼虫体长 9～13 mm。蛹乳白色，长 8～9 mm，腹部背面散生许多小刺，腹部末端具 1 对向内弯曲的褐色几丁质小钩。成虫长椭球形，体长 7～10 mm，通体黑褐色或棕褐色，无光泽，喙、触角及跗节赤褐色。通体密被灰褐色鳞片及很短的刚毛，其间散布白色鳞片，前胸背板两侧和鞘翅及腿节上的白色鳞片较密，并混杂黑色毛簇，鞘翅上各着生 6 个黑色毛簇。雌虫臀板末端尖形，雄虫臀板末端圆形。

生境及危害：主要分布在热带和亚热带所有种植香蕉和大蕉的地区，为害香蕉植株，使其生长发育受阻，甚至全株死亡。

分布区域：桂西南（龙州、宁明、扶绥、防城、东兴、上思）。

传播途径：随寄主植物运输传播。

防治措施：春季持续防治，控为害；夏季增强天敌作用；减少秋季虫源；治理冬后虫源，压基数。

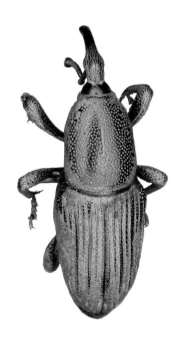

8. 稻水象甲

***Lissorhoptrus oryzophilus* Kuschel**

象甲科 Curculionidae   稻水象属 *Lissorhoptrus*

形态特征：卵呈圆柱形，长约 0.8 mm，刚产下时呈白色。老龄幼虫体长约 10 mm，白色，无足，头部褐色，腹部背面有几对呼吸管；老熟幼虫在寄主植物的根上作茧，茧大小和形状似绿豆，幼虫在茧内化蛹。蛹白色。成虫体长 2.5～3.8 mm，头部延长成象鼻状。前胸背板中部及鞘翅中部黑色，身体其余部分褐色。

生境及危害：栖息于沟渠边、林地、坡地、田埂、稻草堆等场所，寄主植物涉及 7 科 56 属 76 种，主要为害水稻（*Oryza sativa*）。成虫啃食稻叶，幼虫啃食稻根，造成断根，使稻株生长不良，导致稻谷产量减少。

分布区域：桂西南（右江区南部、田阳）、桂西黔南（西林、隆林）、南岭（恭城、富川、灌阳）。

传播途径：通过水流或随禾谷类粮食运输远距离传播，亦可迁飞短距离传播扩散。

防治措施：培育抗性品种的作物和调整耕作制度，合理使用药剂灭杀或引入天敌，利用真菌感染进行生物防治等。

9. 红棕象甲

***Rhynchophorus ferrugineus* Oliver**

象甲科 Curculionidae　　　　　　　　棕榈象属 *Rhynchophorus*

形态特征：卵呈长椭球形，乳白色或者乳黄色，表面光滑。初孵出的幼虫呈白色，头部黄褐色，老熟幼虫身体肥胖，呈纺锤形，淡黄白色，头部褐色，口器坚硬。蛹长 3 ～ 4 cm，初呈乳白色，后变为黄色或橘黄色，身体包裹一层深褐色有光泽的不透明膜，最外面还有一层以其取食的植物纤维作成的茧。成虫身体红褐色，前胸具 2 排黑斑，鞘翅红褐色，有时为暗黑褐色；腹面黑红相间或在暗黑褐色上有 1 个不规则红斑。

生境及危害：常发现于棕榈科植物（Arecaceae）及观赏植物园区，主要寄生于椰子（*Cocos nucifera*）、油棕（*Elaeis guineensis*）、海枣（*Phoenix dactylifera*）等植物。幼虫钻进树干内部取食柔软组织，造成植株长势衰弱，甚至死亡。

分布区域：桂西南（右江区南部、田阳、大新、宁明、龙州、防城、东兴）、桂西黔南（右江区北部、隆林、西林、乐业、天峨）。

传播途径：主要随染虫苗木的调运进行远距离传播扩散。

防治措施：最有效的方法是采用农药注干或涂干。

10. 米象

***Sitophilus oryzae* L.**

象甲科 Curculionidae　　　　　　　　　象甲属 *Sitophilus*

形态特征：幼虫体长 2.5～3.0 mm，身体呈乳白色，头部淡褐色，口器黑褐色，无步足，腹部肥大但腹面平直，背部弯曲如弓形，各节有许多横皱纹。蛹初化时呈乳白色，吻下弯贴于胸部下方，头、胸、腹三部区分明显，触角、翅及足均裸出。成虫体长 2.3～3.5 mm，呈长椭球形，红褐色至暗褐色，背面可能不具光泽或随生长时间略带光泽；头部密生刻点，触角共 8 节且第 2 至第 7 节几乎等长；雌虫喙较细长，稍向下弯曲，雄虫喙较短粗且表面粗糙。

生境及危害：出没于田间、果园及禾谷类贮粮区域。成虫、幼虫均可蛀食玉米、稻谷等各种作物，导致谷物产量减少和品质下降，并为其他病虫害传播创造条件。

分布区域：南岭（罗城）。

传播途径：随禾谷类粮食运输传播或通过迁飞进行短距离扩散。

防治措施：采用绿色低温储粮技术抑制害虫发育。

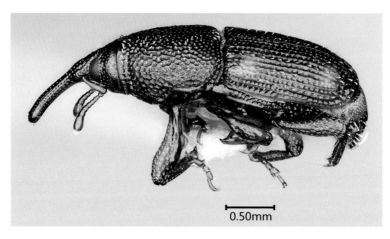

0.50mm

11. 甘薯小象甲

***Cylas formicarius* Fabricius**

三锥象科 Brenthidae   甘薯象属 *Cylas*

形态特征：卵呈宽卵球形，长约 0.6 mm，初产时呈乳白色，后变为淡黄色。在孵化前，可见卵中幼虫头部呈黑色。幼虫体长约 9 mm，月牙形，头部淡褐色，身体灰白色，胸腹足退化。蛹长约 5 mm，初灰白色，变为成虫前，复眼、翅芽和足均呈棕色，身体其他部位为淡黄色，腹部末节有 1 对刺突。成虫体长约 6 mm，状若蚂蚁，身体被蓝黑色鞘翅覆盖，有金属光泽；前胸和足均呈橘红色；雄虫触角末节呈棍棒状，雌虫则呈长卵状，成虫具假死性和性二态现象。

生境及危害：大多发生在番薯（*Ipomoea batatas*）种植区，寄主为旋花科植物（Convolvulaceae）。幼虫蛀食薯蔓和薯块，影响甘薯生长及薯块的品质和产量。

分布区域：桂西南（龙州、宁明、防城、东兴、上思）。

传播途径：随旋花科植物运输或借助风力传播扩散。

防治措施：积极宣传、加强植物检疫、定期监测、田园清洁和改善种植方式，同时施加化学药剂及利用真菌感染进行生物防治。

12. 瓜实蝇

***Bactrocera cucuribitae* Coquillett

实蝇科 Tephritidae   果实蝇属 *Bactrocera*

形态特征：卵细长，两端尖，呈略弯曲的圆柱形，长 0.8～1.3 mm，乳白色。幼虫蛆状，初呈乳白色，长约 1.1 mm；老熟幼虫呈米黄色，长 10～12 mm，头部小，尾端大，呈截形，口钩黑褐色，尾端截形面上有 2 个黑褐色或淡褐色的突出颗粒。蛹初呈米黄色，后呈黄褐色，长约 5 mm，圆柱形。成虫体形似蜂类，黄褐色至红褐色，长 7～9 mm，宽 3～4 mm，雌虫比雄虫略小；前胸背面两侧各有 1 个黄色斑，中胸两侧各有 1 个较粗的黄色竖条形斑，背面有并列的 3 条黄色纵纹；腹部背面有 1 条黑色 T 字形条纹；翅膜质，透明，有光泽，亚前缘脉和臀区各有 1 个长条斑，翅尖有 1 个圆形斑，径中横脉和中肘横脉均有前窄后宽的斑块。

生境及危害：常见于我国南方瓜果种植区，寄主植物多达 120 余种。幼虫群聚于瓜瓤中央为害，严重影响瓜果的品质和产量。

分布区域：桂西南（田东、德保、田阳、右江区南部、龙州、宁明、扶绥、江州、天等、防城、东兴、上思）、桂西黔南（右江区北部、田林、西林、凌云、乐业、隆林、天峨）、南岭（环江、罗城、融水、融安、三江、恭城、富川、永福、灵川、兴安、灌阳、临桂、龙胜、资源、全州）。

传播途径：通过受害的瓜果蔬菜运输传播扩散，亦可主动迁飞扩散。

防治措施：加强检疫和监测工作，及时清理受害瓜类，同时使用毒饵或黏蝇纸灭杀。

13. 橘小实蝇

***Bactrocera dorsalis* Hendel**

实蝇科 Tephritidae　　　　　　　　　果实蝇属 *Bactrocera*

形态特征：卵呈梭形，长约 1 mm，呈乳白色。幼虫蛆状，老熟时体长约 10 mm，黄白色。蛹呈椭球形，长约 5 mm，黄褐色至深褐色，蛹体上残留有由幼虫前气门突起而成的暗点，后端后气门处稍缩。成虫体形中等，暗褐色；中胸背板黑色有 1 对黄色的缝后侧色条；小盾片黄色，具 1 对端鬃；翅具烟褐色而窄的前缘带；中足胫节有 1 个赤褐色的距，后足胫节通常为褐色至黑色；腹部红褐色，第 3 背板前缘有 1 条黑褐色的横带，第 3 至第 5 背板中央均有 1 条烟褐色至黑褐色的纵带。

生境及危害：常见于果园和菜园，寄主植物多达 250 余种，包括番石榴（*Psidium guajava*）、杧果（*Mangifera indica*）、阳桃（*Averrhoa carambola*）等。幼虫钻入果肉取食，致使果肉腐烂。

分布区域：桂西南（扶绥）、桂西黔南（右江区北部、田东、西林、隆林、天峨）。

传播途径：可随受害果蔬运输进行传播，也可通过水流或主动迁飞进行扩散。

防治措施：加强果蔬运输检疫，及时清理受害果蔬，改善耕作方式，适当使用化学药剂或引入寄生蜂进行灭杀。

14. 番石榴果实蝇

Bactrocera correcta **Bezzi**

实蝇科 Tephritidae　　　　　　　　　　果实蝇属 *Bactrocera*

形态特征：卵呈乳白色，梭形，长约 1.2 mm。幼虫蛆状，黄白色，3 龄期体长 7.0～8.5 mm，具前气门指状突 13～18 个、肛叶 1 对。蛹呈椭球形，黄褐色至深褐色，长 4～5 mm。成虫体长 5.5～7.5 mm，头部中颜板黄色，具 1 条深色狭横带，两端黑色、中间细窄且呈淡褐色；中胸盾片大部分为黑色，横缝后具 2 个黄色侧纵条，后端终止于翅内鬃之后；肩胛、背侧胛黄色；小盾片除基部具 1 条黑色狭横带外，其余全为黄色；前翅上鬃和小盾前鬃均存在，小盾前鬃 1 对；翅透明，翅斑简化，前缘带褐色，翅端另有 1 个褐色斑；臀条黄褐色；足黄色或黄褐色，后胫节末端的 1 个龙骨突起相当发达；腹部大部分为黄褐色至橙褐色，第 1 背板基部黑色，第 2 背板的中部有 1 条黑色狭横带，第 3 背板的前部有 1 条黑色长横带，第 3 至第 5 背板的中部均有 1 条黑色狭纵斑。

生境及危害：常见于果园或菜园中，为害番石榴、杧果、柑橘（*Citrus reticulata*）等 30 个科 60 余种的热带和亚热带果蔬植物。幼虫蛀食果肉，引发真菌侵染，造成农作物减产。

分布区域：桂西南（右江区南部）。

传播途径：通过果实运输远距离传播，也可近距离迁飞扩散。

防治措施：加强果蔬运输检疫，合理安排种植结构，采用药物诱杀、真菌感染和药剂灭杀土壤虫卵等方式防治。

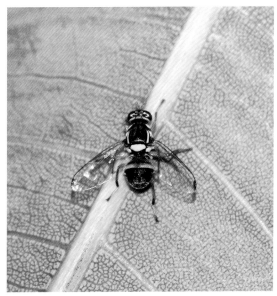

15. 草地贪夜蛾

Spodoptera frugiperda J. E. Smith

夜蛾科 Noctuidae　　　　　　　　　灰翅夜蛾属 _Spodoptera_

形态特征： 卵初产时呈淡绿色，后逐渐变为褐色，即将孵化时呈灰黑色，卵壳呈透明或米白色，表面覆盖鳞毛。幼虫有 6 个龄期，各龄期形态不一。蛹体长 15～17 mm，化蛹初期体呈淡绿色，后逐渐变为红棕色至黑褐色，第 2 至第 7 腹节气门呈椭圆形，围气门片黑色，第 8 腹节两侧气门闭合；后缘颜色较深，具磨砂状刻点，腹部末节具 2 根臀棘，基部较粗，分别向外侧延伸呈"八"字形，臀棘端部无倒钩或弯曲。成虫体长 15～20 mm，翅展 32～40 mm，前翅中部具 1 个黄色不规则环状纹，其后为肾状纹。雄蛾前翅灰色至棕色，具明显的环形纹和肾形纹，以及白色楔形纹，前翅顶角向内具 1 个三角形白斑。雌蛾前翅则为较均匀的灰色或棕色，环形纹和肾形纹略微明显。

生境及危害： 分布在玉蜀黍（_Zea mays_）、水稻、高粱（_Sorghum bicolor_）等种植区域，寄主植物已超过 350 种。幼虫啃食玉蜀黍、水稻、小麦（_Triticum aestivum_）等作物嫩叶，影响叶片和果穗的正常发育，严重时可造成植株死亡。

分布区域： 桂西南（田阳、右江区南部、龙州、江州、扶绥、防城、东兴、上思）、桂西黔南（田林、西林、凌云、乐业、天峨、南丹）、南岭（兴安、灵川）。

传播途径： 成虫飞行能力超强，可借助风力进行远距离迁徙。

防治措施： 加强监测预警技术，调整作物播种时间，利用草木灰等灭杀幼虫，疫情较为严重时可使用化学药剂进行扑灭，引入天敌昆虫、真菌和病毒以减少其种群数量等。

16. 桉树枝瘿姬小蜂

Leptocybe invasa Fisher et La Salle

姬小蜂科 Eulophidae   姬小蜂属 *Leptocybe*

形态特征：卵呈球棒状，乳白色半透明状，长 0.3 ～ 0.4 mm，卵柄细长。幼虫呈乳白色，半透明，早期体形呈木鱼状，老龄幼虫近球形。蛹为离蛹，早期呈乳白色半透明状，蛹的体色随着发育，逐渐加深，最后接近成虫体色；蛹体头胸部折叠于腹部腹面，卷曲成近球体，附肢和翅缩于腹下。雄成虫黑褐色，体长 0.84 ～ 1.20 mm，头部和胸部均具蓝绿色金属光泽，触角柄节、索节和棒节均呈黄棕色，翅透明且在光照下泛金黄色光泽，中胸与腹部的长度几乎相等，腹部呈深褐色；外生殖器趾状，腹侧突上具钩爪。雌虫体形较雄虫大，体长 1.17 ～ 1.46 mm，复眼黑色，单眼 3 个且呈线状排列；翅面具毛，翅缘具纤毛；腹部稍长于胸部，卵球形，略扁，肛下板伸达腹部一半，第 1 产卵瓣棕黄色，第 2 产卵瓣、产卵瓣鞘和载瓣片均近体色，产卵器鞘短。

生境及危害：主要分布在森林中，特别是桉树人工林，主要为害桉属（*Eucalyptus*）树木的幼苗。受害部位多为树冠上层枝叶，造成苗木变形、倒伏，枝叶枯萎凋落，植株矮化、生长迟缓，基本不能成林。

分布区域：桂西南（防城、东兴）、桂西黔南（田林、西林）。

传播途径：主要通过木材运输进行远距离传播，也可短距离飞行扩散。

防治措施：加强木材运输检疫，使用化学药剂灭杀虫卵或引入寄生蜂以减少种群数量。

雄虫   雌虫

17. 红火蚁

Solenopsis invicta Buren

蚁科 Formicidae   火蚁属 *Solenopsis*

形态特征：卵长 0.23 ～ 0.30 mm。幼虫有 4 个龄期，均呈乳白色。蛹为裸蛹，工蚁蛹体长 0.7 ～ 0.8 mm，有性生殖蚁蛹体长 5 ～ 7 mm，触角、足均外露。工蚁体长 2 ～ 9 mm，上颚具 4 齿，触角 10 节，身体呈红色至棕色，后腹部为黑色，头部近正方体至心形，唇基侧脊明显，末端突出呈三角锥形，复眼椭圆形，触柄节长；前胸背板前侧角钝圆至轻微的角状，中胸背板前腹边厚，并胸腹节背面和斜面无脊状凸起，基面与斜面成钝角；后腹柄结宽于前腹柄结，前腹柄结具一些细浅的中纵沟，腹柄突小、平截，后腹柄结长方形，顶部光亮。

生境及危害：喜欢筑巢于水源附近、阳光充足的开阔地带。不仅攻击人类和动物，还会取食植物，导致环境的生物多样性降低。

分布区域：桂西南（右江区南部、德保、江州、扶绥、防城、东兴）、桂西黔南（田林、西林、隆林、南丹）、南岭（环江、龙胜）。

传播途径：通过婚飞及洪水等自然扩散，或通过带有蚁巢的草皮、苗木等运输传播扩散。

防治措施：发现蚁巢后可用灌水、碾压、火烧、烟熏等方式灭蚁；使用配制好的药剂灌巢和施放毒饵诱杀。

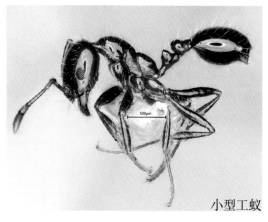

小型工蚁

大型工蚁

雌性繁殖蚁

雄性繁殖蚁

18. 热带火蚁

***Solenopsis geminata* Fabricius**

蚁科 Formicidae　　　　　　　　　　　火蚁属 *Solenopsis*

形态特征：工蚁体呈橙黄色，头几呈方块形，后头缘中央明显圆凹，头顶两侧叶近半球形；触角 10 节，末端 2 节形成触角棒；唇基双脊尖锐伸出其前缘成齿状突；第 1 结节鳞片状，第 2 结节椭圆形。本种与红火蚁非常相似，两者主要区别：本种通体呈黄褐色，后者通体呈深褐色；本种兵蚁的唇基前缘具 2 齿，后者的为 3 齿中央有 1 齿；本种的中、大型兵蚁后头缘均深凹，后者的为浅而平缓凹陷。

生境及危害：其习性和红火蚁很接近，攻击人畜，叮咬后如果不及时治疗，会引起感染危及生命。

分布区域：桂西南（龙州、大新、宁明、东兴、防城）。

传播途径：通过婚飞及洪水自然扩散，或通过带有蚁巢的草皮、苗木等运输传播扩散。

防治措施：参照防治红火蚁的相关措施。

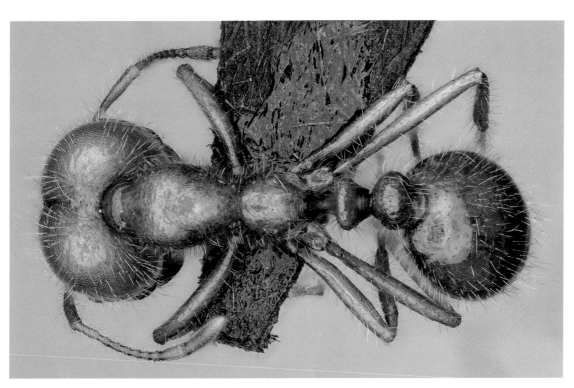

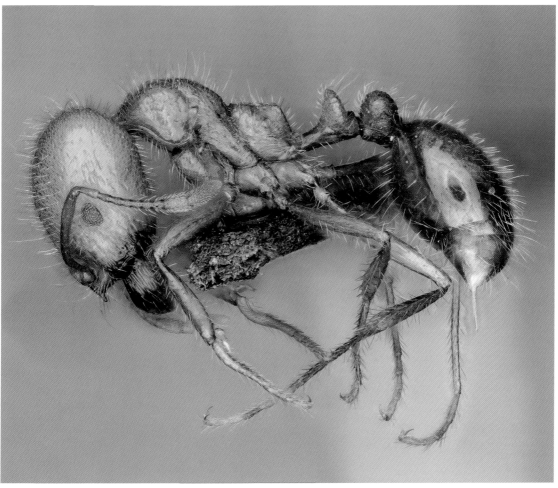

19. 广大头蚁

Pheidole megacephala **Fabricius**

蚁科 Formicidae　　　　　　　　　　大头蚁属 *Pheidole*

形态特征： 兵蚁体长 3.5～4.0 mm。头长稍大于宽，后头缘浅凹，头顶具刻纹；额脊向后延伸成纵刻纹，与触角柄节等长，触角沟或缺，触角柄节短；前胸背板侧瘤明显，从背面看近似菱形；中胸背板陡直，胸腹节刺短且末端尖；第 1 结节略呈三角形，背缘平直或中部微凹陷或两侧具齿状突；第 2 结节长宽比约为 1:2，两侧缘角状突出；后腹部宽卵形。

生境及危害： 常出没于住宅区、医院、公园及茂盛的森林等。会捕杀昆虫、蚯蚓、青蛙、蜥蜴、鸟类等，影响发生地的生物多样性，还可直接为害草莓（*Fragaria* × *ananassa*）等植物的根系。

分布区域： 桂西南（龙州、大新、江州、防城、上思、东兴）。

传播途径： 通过婚飞及洪水自然扩散，或通过带有蚁巢的草皮、苗木等运输传播扩散。

防治措施： 发现蚁巢后可用灌水、碾压、火烧、烟熏等方式灭蚁；使用配制好的药剂灌巢和施放毒饵诱杀。

500μm

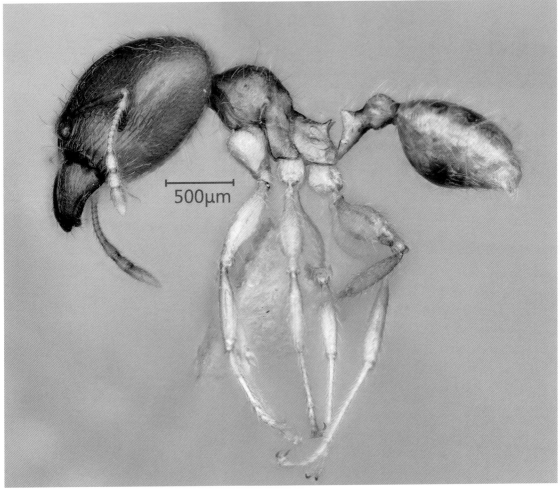

20. 西花蓟马

***Frankliniella occidentalis* Pergande**

蓟马科 Thripidae   花蓟马属 *Frankliniella*

形态特征：卵呈肾形，长约 0.25 mm，表面光滑柔软，黄色或灰白色，不透明，临近孵化时颜色变暗。一龄若虫初孵化时通体透明，后变为白色，蜕皮前变为黄色；二龄若虫蜡黄色，接近成熟时若虫表现负光性。前蛹体呈白色，身体变短，出现翅芽，触角短粗，向前竖起。蛹较前蛹翅芽长，出现类似成虫体上的刚毛列。成虫头部有 8 节触角，具 3 个单眼且呈三角状排列，1 对复眼；前胸前缘角具 1 对刚毛，后缘具 2 对刚毛；后胸背板中央网纹简单，前缘 2 对等高的刚毛平行着生，中央 1 对刚毛下方后缘处具 1 对感觉孔；各节背板中央有 T 形褐色块，第Ⅷ节背板两侧的气孔外部具 2 个弯状微毛梳。

生境及危害：常见于果园、公园等，寄主植物达 500 余种。成虫和若虫均能为害植物，传播多种病毒，使植株的茎和果形成伤疤，导致果实品质下降，甚至植株枯萎死亡。

分布区域：桂西南（右江区南部、田阳）、桂西黔南（田林、西林、隆林）。

传播途径：随带虫卵植物原材料、切花等的运输而远距离传播，也可随风飘散进行传播。

防治措施：利用本种对蓝色、粉红色、白色和黄色的趋性，通过悬挂有色黏板诱杀；在虫害暴发初期，释放其天敌如寄生蜂等防治。

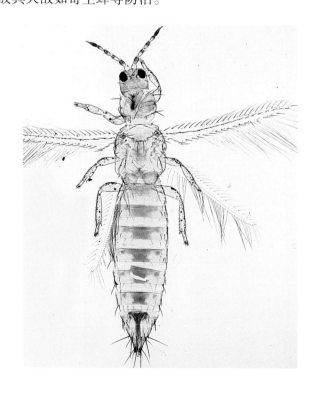

21. 扶桑绵粉蚧

Phenacoccus solenopsis Tinsley

粉蚧科 Pseudococcidae　　　　　　　绵粉蚧属 _Phenacoccus_

形态特征：卵呈长椭球形，橙黄色，透明，长约 0.32 mm。若虫由淡黄色逐渐变为亮黄色，体背的黑色斑纹逐渐加深；蛹期虫体呈黑灰色，被厚厚的蜡丝包裹着；体长约 1.19 mm。雌成虫为扁平的椭球形，长 3.0～4.2 mm，体背覆白色蜡粉，具背孔；腹脐黑色，有一系列成对的黑色背斑；体节分节处具少量蜡粉或无，腹面周缘常有放射状蜡突，腹部末端的 4～5 对较长；足发达且呈红色，足的爪下有齿，后足胫节上有大量透明孔，五格腺全无，刺孔群 18 对，多格腺分布在第 4 至第 9 节腹面中区，第 7 腹节从节前缘至后缘也有分布，亦常分布在腹部腹面亚缘区。雄性成虫体长 1.3～1.5 mm，灰褐色，状若蚊虫，足细长；1 对前翅发达，后翅变成平衡棒，顶端有 1 根钩状毛；腹部末端有 2 对白色蜡丝。

生境及危害：常见于农田、园林、果园和杂草地等，寄主植物多达 200 余种。通过吸食寄主植株的嫩枝、叶片和叶柄汁液为害，严重影响植株生长，甚至造成植株大量死亡。

分布区域：桂西南（靖西、德保、那坡、大新、龙州、上思、防城、东兴）。

传播途径：主要通过染虫植物及其产品的调运长距离传播。

防治措施：尽量在若虫期进行化学防治，结合物理措施、农业措施与生物防治，建立综合防控体系。

22. 螺旋粉虱

***Aleurodicus dispersus* Russell**

粉虱科 Aleyrodidae   复孔粉虱属 *Aleurodicus*

形态特征：卵长约 0.3 cm，呈长椭球形，表面光滑，白色半透明至黄褐色。若虫初孵化时虫体透明，随后逐渐变成淡黄色或黄色，背面隆起。蛹长约 1.06 mm，体形呈盾状，初蜕皮时透明，随后逐渐发育变成淡黄色或黄色，触角、复眼和足完全退化，体背具 5 对复合孔。雌成虫体长约 1.97 mm，雄成虫体长约 2.09 mm；成虫初羽化时呈黄色半透明状，发育成熟时转变成不透明，头部呈三角锥形，刺吸式口器，两侧有蜡粉分泌器；单眼 1 对；翅脉较其他粉虱类的复杂，前翅略大于后翅；足跗节 2 节，具前跗节；腹部共 8 节，雄虫于第 2 至第 4 节腹面各具蜡板 1 对，共 3 对，雌虫则于第 2 至第 5 节腹面各具 1 对，共 4 对。

生境及危害：常见于果园、菜地、观赏植物园等，寄主植物达 481 种。通过刺吸寄主植株汁液，致使植株衰弱、干枯，甚至死亡；分泌蜜露可诱发煤烟病，影响寄主植株光合作用；影响农作物产量和观赏植物质量。

分布区域：桂西南（靖西、德保、那坡、大新）。

传播途径：通过风和气流远距离飘飞或长距离迁移扩散，还可通过受害植株、其他动物或交通工具（车、船）等携带传播。

防治措施：以化学防治为主，结合天敌昆虫进行综合防治，见效快且效果持久。

26. 褐云玛瑙螺

Achatina fulica **Bowdich**

玛瑙螺科 Achatinidae　　　　　　　　　玛瑙螺属 *Achatina*

形态特征：卵呈椭球形，色泽乳白或淡青黄，卵壳富含碳酸钙，长 4.5～7.0 mm，宽 4～5 mm。幼螺刚孵化的幼螺有 2.5 个螺层。成螺壳长通常为 7～8 cm，最长可超过 20 cm；贝壳高 10 cm 左右，壳质稍厚，有光泽，呈长卵球形，深黄色或黄色，具褐色和白色混杂的条纹；脐孔被轴唇封闭；壳口长扇形；壳内浅蓝色，螺层数为 6.5～8 层；软体部分深褐色或牙黄色；足部肌肉发达，背面呈暗棕色，黏液透明。

生境及危害：主要分布在果园、橡胶园、农田、菜地、公园等区域。为害植物种类繁多，偏好食肉质的叶片、水果及幼嫩植株，严重影响农林生产。

分布区域：桂西南（田东、德保、田阳、右江区南部、扶绥、大新、江州、防城、东兴、宁明、上思）、桂西黔南（右江区北部、田林、西林、凌云、隆林、乐业）、南岭（灌阳）。

传播途径：主要通过人为引种观赏植物、交通工具等方式远距离传播扩散。

防治措施：越冬前清除，整治其潜在的繁殖场所。

27. 克氏原螯虾

***Procambarus clarkii* Girard**

螯虾科 Cambaridae   原螯虾属 *Procambams*

形态特征：体色随水质、年龄及蜕壳的变化而呈现不同的颜色，幼体呈白色，随生长发育体色可转呈青色、红色和红褐色等；外壳红色而坚硬，头部具额剑，其甲壳布满颗粒，有 1 对复眼、2 对触角、1 对大螯状；雄性前 2 对腹肢变为管状交接器，雌性第 1 对腹肢退化；身体由头部、胸部、腹部和尾部组成，其中头部 6 节、胸部 8 节、腹部和尾部共 7 节，各体节之间由薄而坚韧的膜连接；头部有 5 对附肢，两侧有通过眼柄与头部相连的 1 对复眼；胸部有 8 对附肢，前 3 对为颚足，后 5 对为步足，第 1 对步足最为发达，长成后成为很大的螯，雄虾较雌虾的螯更为发达；腹部与头胸甲相接，有 6 对不甚发达的游泳足；虾尾与尾柄连接在一起，合称为尾扇。

生境及危害：在江河、湖泊、池塘及水田中均能生存，甚至在污染严重的水体中也能生存。对入侵地的土壤结构、农田和水利设施造成严重破坏，严重影响入侵地的生物群落。

分布区域：桂西南（右江区南部）、桂西黔南（西林、隆林、乐业）、南岭（罗城、环江、三江、兴安）。

传播途径：主要通过人为携带、引种传播。

防治措施：加强养殖种群管理，加大对其野生种群的捕捞力度。

28. 豹纹翼甲鲶

Pterygoplichthys pardalis Castelnau

甲鲶科 Loricariidae　　　　　　　　　　　翼甲鲶属 *Pterygoplichthys*

形态特征：体呈半圆柱形，侧鳍、背鳍宽大，尾鳍浅叉形；体呈暗褐色，全身具灰黑色带有黑白相间的花纹，布满黑色斑点，表面粗糙有盾鳞；头部和腹部均扁平，头部具1对须，左右两边腹鳍相连形成圆扇形吸盘，胸腹棘刺能在陆地上支撑身体并爬行。雌性背体宽，倒刺软且柔滑，体色较淡不发黑，胸鳍短而圆；雄性背体狭，倒刺硬且粗糙，体色较深发黑，胸鳍长而尖。

生境及危害：生存和繁殖能力强，在我国南方地区的河流、湖泊、水库等水体快速建立自然种群。几乎没有天敌，并通过食物竞争、捕食和破坏栖息地等对当地的渔业生产和生态环境构成严重威胁。

分布区域：桂西南（田东、田阳、右江区南部）、桂西黔南（西林、隆林）。

传播途径：通过人为携带、引种在内陆水域自然扩散。

防治措施：加强宣传，增强公众意识，严禁擅自放生。

29. 食蚊鱼

Gambusia affinis **Baird et Girard**

胎鳉科 Poeciliidae　　　　　　　　食蚊鱼属 *Gambusia*

形态特征：体形细小，背部略隆起，呈微弧形。头顶平且较宽，前方略尖。背鳍部位较高，鱼体的后部略微呈方形。胸鳍的末端可达腹鳍的上方。腹鳍末端可达肛门处。臀鳍与背鳍的位置大致相对，但其起点比背鳍的稍微靠前。尾鳍不分叉，边缘呈圆形。鱼体背部呈橄榄褐色，体侧大部分呈半透明灰色，并常有泛光亮的淡蓝色，腹部为银白色。在背鳍和尾鳍部经常可见一些不明显的小黑点。

生境及危害：常见于浅水静流或缓流生境如沼泽、水田、湖泊、溪流中，繁殖迅速且食性杂，在原生生境和引入生境常常扮演较高级捕食性鱼类的角色。通过食物链对低营养等级的生物产生下行影响，对本土物种及生态环境的影响巨大。有研究表明，食蚊鱼入侵后有时会给本土物种带来灭顶之灾。

分布区域：桂西南（右江区南部、扶绥、宁明、龙州、大新、防城、东兴、上思）、桂西黔南（天峨、隆林）、南岭（环江、融水、融安、三江、灵川、兴安、全州、灌阳、资源、八步）。

传播途径：为防治蚊子而人为引进，随后在内陆水域自然扩散。

防治措施：暂无防治方法。

30. 尼罗罗非鱼

Oreochromis niloticus L.

丽鱼科 Cichlidae 口孵鱼属 *Oreochromis*

形态特征：体长，侧扁，卵圆形。头部略大，背缘稍凹。吻钝尖，吻长大于眼径。口端位。上下颌几乎等长；上颌骨为眶前骨所遮盖；上下颌齿均细小。眼中等大，侧上位。眼间隔平滑，显著大于眼径。鼻孔细小。前鳃盖骨边缘无锯齿，鳃盖骨无棘。鳃耙细小，基部较宽，末端尖锐。下咽骨密布细小齿群。体侧有 9 ～ 10 条黑色横带纹，成鱼的较不明显。背鳍鳍条部有若干条由大斑块组成的斜向带纹，鳍棘部的鳍膜上有与鳍棘平行的灰黑色斑条，长短不一；臀鳍鳍条部的上半部色泽灰暗，较下半部为甚；尾鳍有 6 ～ 8 条近垂直的黑色条纹。雄鱼的背鳍和尾鳍边缘均有 1 条狭窄的灰白色带纹。

生境及危害：具有较强的生态竞争力，利于其在陌生生境中存活并迅速繁衍，最终建立稳定的种群，威胁本土鱼类。

分布区域：桂西南（靖西、田东、田阳、东兴、防城）、桂西黔南（田林、西林、隆林、乐业、天峨、南丹）、南岭（罗城、环江）。

传播途径：作为经济鱼类饲养，逃逸后在自然水体中繁衍扩散。

防治措施：暂无防治方法。

31. 齐氏罗非鱼

Coptodon zillii Gervais

丽鱼科 Cichlidae   口孵鱼属 *Oreochromis*

形态特征：体长，侧扁，背腹缘均圆凸隆起。头部中等大，侧扁，短而高。吻圆钝，突出。眼大，上侧位。口较大，前位，倾斜。下颌稍长，上下颌各有 3～4 行细小扁薄的叶状牙。体被大栉鳞，头部除吻部和颊部外均被鳞。侧线平直，在背鳍第 4 至第 5 鳍条下方中断，形成上下行侧线。背鳍 1 个，起点在上行侧线第一鳞上方；鳍棘部发达，最后鳍棘最长；鳍条部后缘突出、尖角状。臀鳍与背鳍鳍条部相对、同形。胸鳍侧位鳍条较长，末端达臀鳍起点。腹鳍胸位，末端伸至肛门。尾鳍截形。体色随环境变化，一般为暗褐色带虹彩，背部色深，下腹部暗红色。鳃盖上有 1 个蓝灰色斑块。体侧有 7～8 条黑色横纹。背鳍、臀鳍和尾鳍有很多黄色小斑。背鳍鳍条部有 1 个黑色圆斑。

生境及危害：生活在温暖的淡水环境中。会与本土鱼类在食物及产卵地方面产生竞争，并对本土水生植物及依存这些水生植物的生物均造成严重威胁。

分布区域：桂西南（龙州、扶绥、大新、防城、东兴）、南岭（罗城、环江、融水、融安、永福、兴安、灵川）。

传播途径：作为养殖品种随人为引入而传播，逃逸后随水系进行自然扩散。

防治措施：加强宣传和管理，在冬季大力开展捕捞工作。

32. 绿太阳鱼

Lepomis cyanellus **Rafinesque**

棘臀鱼科 Centrarchidae　　　　　　　　　太阳鱼属 *Lepomis*

形态特征：体形侧扁，背部隆起。头大，口裂、略倾斜，下颌突出，上下颌前缘均具细齿；体呈棕黑色，头部有宝蓝色点状条纹，有黑色耳盖，耳盖有黄色或橘黄色边缘。少数个体背鳍、臀鳍末端底部均有黑色圆斑。刚捕捞的绿太阳鱼身体颜色较浅，头背部至尾柄有9条明显的黑色横纹，离开水体后其头背部至尾柄逐渐变黑，导致横纹不明显。

生境及危害：生活在流动缓慢的溪流、池塘、湖泊，以及杂草丛生的海岸线，繁殖能力强。通过捕食其他鱼类的鱼卵和幼鱼，严重威胁本土鱼类的生存。

分布区域：南岭（兴安）。

传播途径：作为养殖品种随人为引入而传播，逃逸后随水系进行自然扩散。

防治措施：宣传教育以增强公众防御意识，防止其逃逸或被放生。

33. 美洲牛蛙

Rana catesbeiana Shaw

蛙科 Ranidae   蛙属 _Rana_

形态特征：体形大而粗壮，体长 152～170 mm，头长宽相近，吻端钝圆，鼻孔近吻端朝向上方，鼓膜甚大。前腿短，后腿长。前脚趾无蹼，后脚趾之间形成蹼，第4趾甚长，蹼不能完全达趾端。体色差异较大，背部皮肤略显粗糙，背部呈绿色至棕色，通常杂有棕色斑点或灰色至棕色的网状花纹。腹侧表面呈灰白色，具黄色或灰色斑点。四肢具斑点或灰色条纹。成体喉部常有黄色条纹。卵粒小，直径 1.2～1.3 mm。蝌蚪呈黄绿色，长可达 10 mm 以上，表面带有小斑点。

生境及危害：栖息于湖泊、小溪、池塘等水流缓慢、水草繁茂的水体中。通过捕食、竞争和传播疾病等多种方式为害本土物种，对入侵区域生物多样性造成重大威胁。

分布区域：桂西南（靖西、德保、右江区南部、防城）、桂西黔南（田林、西林、隆林、天峨）、南岭（龙胜）。

传播途径：养殖种群逃逸、被丢弃或被放生到野外后自然繁衍传播。

防治措施：限制对其养殖种群的野生放养，加强养殖种群的防逃逸措施。

34. 大鳄龟

Macroclemys temminckii Troost

鳄龟科 Chelydridae   真鳄龟属 *Macroclemys*

形态特征：上下颌呈钩状，状若鹰嘴。背甲盾片呈棕褐色，13 块盾片似小山状，呈纵横 3 行排列，背甲的边缘有许多锯齿状的凸起。头与颈部表面有许多肉突。舌上长有 1 个鲜红色且分叉的蠕虫状肉突，通过其中部的圆形肌肉与舌相连，两端能够自由伸缩活动。尾细长，坚硬如钢鞭，头和足不能缩入壳内。

生境及危害：龟类中最凶猛的一种，有可能影响本土龟鳖的生存与繁殖。

分布区域：南岭（融水、融安、兴安、灵川、阳朔）。

传播途径：人为携带。

防治措施：加强宣传以增强公众防范意识，防止其逃逸或被放生。

35. 红耳彩龟

Trachemys scripta elegans Wied-Neuwied

泽龟科 Emydidae　　　　　　　　　　彩龟属 *Trachemys*

形态特征：头、颈、四肢、尾均布满粗细不匀的黄色、绿色、蓝色彩纹，头部两侧有 2 条纵向红斑，老年个体包括红斑在内的彩纹消失，变为黑褐色。背腹甲密布不规则的黄色、绿色斑纹；腹甲黄色，每一块盾片均有暗色大斑。趾间具蹼。尾较短。雄性成年个体的足前端具伸长并弯曲的爪，长而粗的尾部的肛门可显露在臀盾之外。

生境及危害：在江河、湖泊、池塘及水田中均能生存。可携带多种病原体而直接传染给本土龟鳖，破坏当地水域的生物链，严重威胁当地物种的生物多样性；携带沙门氏杆菌（*Salmonella*），可威胁人类健康。

分布区域：桂西南（右江区南部）、桂西黔南（田林、乐业、隆林）。

传播途径：人为携带。

防治措施：加强宣传以增强公众防范意识，防止其逃逸或被放生。

外来入侵植物
Invasive alien plants

1. 弯曲碎米荠

Cardamine flexuosa With.

十字花科 Brassicaceae　　　　　　碎米荠属 *Cardamine*

形态特征：一年生或二年生草本。植株高达 30 cm。茎自基部多分枝，斜生呈铺散状，表面疏生茸毛。基生叶有叶柄，小叶 3 ～ 7 对，顶生小叶菱状卵形、倒卵形或长圆形，先端 3 齿裂，侧生小叶卵形，较顶生的形小，先端 1 ～ 3 齿裂；茎生叶有小叶 3 ～ 5 对，小叶多为长卵形或线形。总状花序多数，生于枝顶，花小；萼片长椭圆形；花瓣白色，倒卵状楔形；柱头扁球状。角果线形，长 12 ～ 20 mm，与果序轴近平行排列，果序轴曲折，果梗直立开展。种子长圆柱形而扁。花期 3—5 月，果期 4—6 月。

重点识别特征：植株矮小，分枝极多、细弱，自基部呈铺散状；基生叶的顶生小叶菱状卵形、倒卵形或长圆形；果序轴曲折，角果长 12 ～ 20 mm。

生境及危害：路旁。普通杂草，影响本土植物的生长。

分布区域：南岭（龙胜）。

传播途径：种子常随农作物等载体传播扩散。

防治措施：在其开花结果前清除。

2. 北美独行菜

Lepidium virginicum L.

十字花科 Brassicaceae　　　　　　　独行菜属 *Lepidium*

形态特征：一年生或二年生草本。植株高 20 ～ 50 cm。茎单一，直立，上部分枝，具柱状腺毛。基生叶倒披针形，羽状分裂或大头羽裂，边缘有锯齿；茎生叶有短柄，倒披针形或线形，边缘有尖锯齿或全缘。总状花序顶生；花瓣白色，倒卵形，与萼片等长或稍长；雄蕊 2 枚或 4 枚。短角果扁平，近圆形，有窄翅，顶端微缺。种子卵形，表面光滑，红棕色，边缘有窄翅；子叶缘倚胚根。花期 4—5 月，果期 6—7 月。

重点识别特征：花瓣白色，与萼片等长或稍长；子叶缘倚胚根。

生境及危害：路旁荒地。与本土植物争夺养分、空间，具有化感作用，影响本土植物生长，造成作物减产；是棉蚜（*Aphis gossypii*）、麦蚜（*Macrosiphum avenae*）等有害昆虫及白菜病病毒的中间寄主。

分布区域：桂西南（靖西）。

传播途径：种子常随农作物等载体传播扩散。

防治措施：化学防治常用苯磺隆、莠去津、克阔乐等除草剂，在其幼苗期施用效果较好；深翻耕地或一定时间的积水，可减少该植物的出现。

3. 落地生根

Bryophyllum pinnatum（L. f.）Oken

景天科 Crassulaceae   落地生根属 Bryophyllum

形态特征：多年生草本。植株高 40 ～ 150 cm。茎有分枝。羽状复叶；小叶长圆形至椭圆形，边缘有圆齿，圆齿间容易生不定芽，不定芽长大后落地即成新植株。圆锥花序顶生；花下垂；花萼圆筒状；花冠高脚碟状，淡红色或紫红色，长达 5 cm，基部稍膨大，向上呈管状，花冠裂片 4 枚，卵状披针形；雄蕊 8 枚，着生于花冠筒内面基部，花丝长。种子小，表面有条纹。花期 1—3 月。

重点识别特征：叶缘齿间可生不定芽；花下垂，花冠淡红色或紫红色。

生境及危害：路旁、疏林下、石缝中。繁殖能力强，易形成单优势种群落，与本土植物争夺水分、养分等生存资源。

分布区域：桂西南（大新）。

传播途径：叶及不定芽或种子易随带土苗木等载体传播扩散。

防治措施：禁止乱扔种苗；连根拔除，晒干后焚烧；连片生长且面积大时，可使用草甘膦等除草剂进行化学防治。

4. 鹅肠菜

Stellaria aquatica （L.）Scop.

石竹科 Caryophyllaceae　　　　　　　繁缕属 *Stellaria*

形态特征：二年生或多年生草本。茎上升，多分枝，长 50～80 cm，上部被腺毛。叶片卵形或宽卵形，先端急尖，基部稍心形；茎上部叶常无柄或具短柄。二歧聚伞花序顶生；苞片叶状，边缘具腺毛；萼片卵状披针形或长卵形；花瓣白色，先端 2 深裂至基部，裂片线形或披针状线形，长 3.0～3.5 mm，宽约 1 mm；雄蕊 10 枚，稍短于花瓣。蒴果卵球形。种子近肾形，稍扁，褐色，表面具小疣。花期 5—8 月，果期 6—9 月。

重点识别特征：花瓣先端 2 深裂至基部；蒴果卵球形。

生境及危害：耕地、弃耕地、路旁或沟边潮湿处。与本土植物争夺养分，影响农作物生长。

分布区域：桂西南（宁明、龙州、大新、江州、上思）、南岭（兴安、灌阳、全州、资源）。

传播途径：种子易随农作物或带土苗木等载体传播扩散。

防治措施：在其开花前拔除。

5. 土人参

Talinum paniculatum （Jacq.）Gaertn.

马齿苋科 Portulacaceae　　　　　　　土人参属 *Talinum*

形态特征：一年生或多年生草本。全株无毛，植株高 30 ～ 100 cm。主根粗壮，外皮黑褐色，断面乳白色。茎直立，肉质。叶互生或近对生。叶片稍肉质，倒卵形或倒卵状长椭圆形。圆锥花序顶生或腋生，常二叉状分枝，具较长的花序梗；苞片 2 枚，膜质；萼片卵形，紫红色，早落；花瓣粉红色或淡紫红色，长椭圆形、倒卵形或椭圆形。蒴果近球形，成熟时 3 瓣裂，果瓣坚纸质；种子多数，扁球形，黑褐色或黑色，有光泽。花期 6—8 月，果期 9—11 月。

重点识别特征：肉质草本；托叶缺；蒴果近球形，果瓣 3 瓣裂。

生境及危害：路旁、苗圃、菜地、墙角等阴湿处。普通杂草，影响农作物或本土植物生长。

分布区域：桂西黔南（西林、田林）、南岭（融水、融安、龙胜、资源、临桂）。

传播途径：种子易随带土苗木等载体传播扩散。

防治措施：加强管理，禁止乱扔其种苗；在其开花前连根拔除，晒干。

6. 垂序商陆

***Phytolacca americana* L.**

商陆科 Phytolaccaceae　　　　　　　　商陆属 *Phytolacca*

形态特征：多年生草本。植株高 1～2 m。根粗壮，肥大，倒圆锥形。茎直立，有时带紫红色。叶片椭圆状卵形或卵状披针形，长 9～18 cm，宽 5～10 cm。总状花序顶生或侧生，长 5～20 cm；花被片 5 枚，白色，微带红晕；雄蕊、心皮及花柱通常均为 10 枚。果序下垂；浆果扁球形，成熟时紫黑色。种子肾圆形。花期 6—8 月，果期 8—10 月。

重点识别特征：花被片白色，微带红晕；果序下垂，浆果成熟时紫黑色。

生境及危害：路旁、耕地、荒地、村旁等处。吸水吸肥能力强，与本土植物争夺水分、养分等资源；根和果均有毒，误食会中毒。

分布区域：桂西南（那坡、靖西、天等）、桂西黔南（西林、隆林、田林、乐业、天峨）、南岭（罗城、三江、恭城、永福、灵川、兴安、临桂、灌阳、全州、资源、八步、富川）。

传播途径：种子常随农作物和带土苗木等载体传播或被鸟类等食果动物传播扩散。

防治措施：在其结果前连根拔除，晒干。

7. 土荆芥

***Dysphania ambrosioides*（L.）Mosyakin et Clemants**

藜科 Chenopodiaceae　　　　　　　刺藜属 *Dysphania*

形态特征：一年生或多年生草本。植株高 50 ～ 80 cm，全株有强烈香味。茎直立，多分枝，有纵向色条及钝条棱；枝通常细瘦。叶片矩圆状披针形至披针形，腹面平滑无毛，背面有散生腺点并沿叶脉稍有毛。花两性或雌性，通常 3 ～ 5 朵簇生于茎上部叶腋；花被裂片绿色，5 枚，较少为 3 枚，柱头通常 3 枚，丝形，伸出花被外，花柱不明显。胞果扁球形，完全包于花被内。种子横生或斜生，黑色或暗红色。花期和果期都很长。

重点识别特征：叶具腺点，揉搓叶片具强烈气味。

生境及危害：村旁、路旁、耕地、荒地、河岸等处。常见杂草，含有毒的挥发油，对其他植物具化感作用；是常见的花粉变应原，对人体健康有害。

分布区域：桂西南（那坡、靖西、德保、右江区南部、江州、宁明、天等、上思）、桂西黔南（右江区北部、田林、西林、隆林、乐业、天峨、南丹）、南岭（罗城、恭城、环江、灵川、资源）。

传播途径：种子随人类的各种活动及交通工具传播扩散。

防治措施：在其开花前连根拔除；化学防治用草甘膦等除草剂。

8. 空心莲子草

Alternanthera philoxeroides（**Mart.**）**Griseb.**

苋科 Amaranthaceae   莲子草属 *Alternanthera*

形态特征：多年生草本。茎基部匍匐，上部上升，中空，管状，具不明显 4 棱。叶片长圆形、长圆状倒卵形或倒卵状披针形，长 2.5 ～ 5.0 cm，宽 7 ～ 20 mm，两面无毛或腹面有贴生毛及缘毛，背面有颗粒状突起。花簇生，具花序梗的头状花序单生于叶腋；苞片及小苞片均呈白色，先端渐尖，具 1 脉；花被片长圆形，长 5 ～ 6 mm，白色，有光泽；雄蕊 5 枚，花丝基部连合成杯状。果未见。花期 5—10 月。

重点识别特征：茎中空；头状花序单生于叶腋，有长 1 ～ 3 cm 的花序梗。

生境及危害：田边、水沟内及潮湿处。恶性杂草，为害作物生长，与本土植物争夺养分；其大面积扩展蔓延会对种植业、养殖业及水上交通等带来不良影响。

分布区域：桂西南（靖西、右江区南部、龙州、江州）、南岭（灵川、兴安、全州）。

传播途径：茎节常随带土苗木等载体传播扩散。

防治措施：对其水生植株，用莲草直胸跳甲（*Agasicles hygrophila*）防治；对于面积较小的种群，可人工打捞晒干。化学防治可施用草甘膦、水花生净等除草剂，但只能在短期内对植株的地上部分有效。

9. 老鸦谷

***Amaranthus cruentus* L.**

苋科 Amaranthaceae　　　　　　　　苋属 *Amaranthus*

形态特征：一年生草本。形态上与同属的尾穗苋（*A. caudatus*）相似，但本种的圆锥花序直立或以后下垂，花穗顶端尖；苞片及花被片先端均具明显芒刺；花被片与胞果等长。形态上又与同属的千穗谷（*A. hypochondriacus*）相似，本种的雌花苞片为花被片长的 1.5 倍，花被片先端圆钝。花期 6—7 月，果期 9—10 月。

重点识别特征：圆锥花序直立或以后下垂，花穗顶端尖；花被片和雄蕊均为 5 枚。

生境及危害：路旁草地。影响本土植物的生长。

分布区域：桂西南（大新）。

传播途径：种子易随引种栽培和货物运输等方式传播扩散。

防治措施：在其开花结果前拔除或施用草甘膦等除草剂防治。

10. 绿穗苋

Amaranthus hybridus L.

苋科 Amaranthaceae　　　　　　　　　　苋属 *Amaranthus*

形态特征：一年生草本。植株高 30 ～ 50 cm。茎直立，分枝，上部近弯曲，有开展柔毛。叶片卵形或菱状卵形，长 3.0 ～ 4.5 cm，宽 1.5 ～ 2.5 cm，顶端急尖或微凹，具凸尖，基部楔形，边缘波状或有不明显锯齿，腹面近无毛，背面疏生柔毛；叶柄长 1.0 ～ 2.5 cm，具柔毛。圆锥花序顶生，细长，上升稍弯曲，有分枝，由穗状花序组成，中部花穗最长；苞片及小苞片均呈钻状披针形，长 3.5 ～ 4.0 mm，中脉坚硬，绿色，向前伸出成尖芒；花被片矩圆状披针形，长约 2 mm，顶端锐尖，具凸尖，中脉绿色；柱头 3 枚。胞果卵形，长约 2 mm，环状横裂，超出宿存花被片。种子近球形，黑色。花期 7—8 月，果期 9—10 月。

重点识别特征：圆锥花序较细长；胞果超出宿存花被片。

生境及危害：田园内、路旁、村舍附近的草地上。普通杂草，影响农作物或本土植物生长。

分布区域：桂西南（那坡、德保、宁明、龙州、江州、大新）、桂西黔南（西林、隆林、田林、乐业、天峨）。

传播途径：种子常随农作物或农产品等载体传播扩散。

防治措施：在其结果前拔除。

11. 刺苋

Amaranthus spinosus L.

苋科 Amaranthaceae　　　　　　　　　　苋属 *Amaranthus*

形态特征：一年生草本。植株高 30 ～ 100 cm。叶片菱状卵形或卵状披针形；叶柄长 1 ～ 8 cm；叶柄基部两侧有 2 枚刺，刺长 5 ～ 10 mm。圆锥花序腋生或顶生，下部顶生花穗常全部为雄花；苞片在腋生花簇及顶生花穗的基部者变成尖锐直刺，在顶生花穗的上部者则为狭披针形，长约 1.5 mm，先端急尖，具凸尖，中脉绿色；花被片绿色；雄蕊花丝略与花被片等长或较短；柱头 3 枚，有时 2 枚。胞果椭球形，成熟时在中部以下不规则横裂。种子近球形，黑色或带棕黑色。花果期 7—11 月。

重点识别特征：叶柄基部两侧有 2 枚刺；苞片在腋生花簇及顶生花穗的基部者变成尖锐直刺。

生境及危害：路旁、旷地、苗圃等。常见恶性杂草，为害作物；植株有刺，易扎伤手脚。

分布区域：桂西南（靖西、那坡、德保、田东、右江区南部、天等）、桂西黔南（西林、南丹、天峨）。

传播途径：种子易随农作物或带土苗木等载体传播扩散。

防治措施：在其开花结果前铲除。

12. 苋

Amaranthus tricolor L.

苋科 Amaranthaceae   苋属 *Amaranthus*

形态特征：一年生草本。植株高 80 ～ 150 cm。茎粗壮，绿色或红色。叶片卵形、菱状卵形或披针形，长 4 ～ 10 cm，宽 2 ～ 7 cm，绿色或带红色、紫色或黄色，或部分绿色夹杂其他颜色，先端圆钝，有小尖头。花簇腋生，或同时具顶生花簇，排成下垂的穗状花序；苞片及小苞片先端均有长芒尖；花被片绿色或黄绿色，顶端有长芒尖。胞果熟时环状横裂，果皮光滑。种子近球形或倒卵形，黑色或黑棕色。花期 5—8 月，果期 7—9 月。

重点识别特征：叶片先端圆钝，有小尖头；胞果熟时环状横裂，果皮光滑。

生境及危害：耕地、苗圃等。常见杂草，与农作物争夺水分和养分等资源。

分布区域：桂西南（那坡、靖西）。

传播途径：种子常随农作物等载体传播扩散。

防治措施：在其结果前拔除，苗期可拔除作蔬菜食用。

13. 皱果苋

Amaranthus viridis L.

苋科 Amaranthaceae　　　　　　　　苋属 *Amaranthus*

形态特征：一年生草本。植株高 40 ～ 80 cm，全株无毛。茎直立，有不明显纵棱条。叶片卵形、卵状长圆形或卵状椭圆形，长 3 ～ 9 cm，宽 2.5 ～ 6.0 cm，先端尖凹或凹缺，少数圆钝，有 1 枚芒尖，基部宽楔形或近截形，边缘全缘或微波状；叶柄长 3 ～ 6 cm，绿色或带紫红色。穗状圆锥花序顶生，直立，顶生花穗比侧生者长；花被片长圆形或宽倒披针形，内曲，背部有 1 条绿色中脉隆起；柱头 3 枚或 2 枚。胞果扁球形，绿色，表面极皱缩，超出花被。种子近球形，直径约 1 mm，黑色或黑褐色，具薄且锐的环状边缘。花期 6—8 月，果期 8—10 月。

重点识别特征：圆锥花序顶生；胞果扁球形，绿色，表面极皱缩。

生境及危害：耕地、路旁。常见田间杂草。

分布区域：桂西南（宁明、江州）。

传播途径：种子常随农作物等载体传播扩散。

防治措施：在其结果前拔除或铲除。

14. 凹头苋

Amaranthus blitum **L.**

苋科 Amaranthaceae　　　　　　　　　苋属 *Amaranthus*

形态特征：一年生草本。植株高 10 ～ 30 cm，全株无毛。茎伏卧而上升，从基部分枝，淡绿色或紫红色。叶片卵形或菱状卵形，长 1.5 ～ 4.5 cm，宽 1 ～ 3 cm，先端凹缺，有 1 枚芒尖或芒尖微小不显，基部宽楔形。花簇腋生，直至下部叶的腋部，生在茎端和枝端者排成直立穗状花序或圆锥花序；花被片矩圆形或披针形，淡绿色；柱头 2 枚或 3 枚，于果熟时脱落。胞果扁卵形，表面微皱缩而近平滑。种子环形，直径约 12 mm，黑色至黑褐色，具环状边。花期 7—8 月，果期 8—9 月。

重点识别特征：叶片先端凹缺；花序簇生于茎端和枝端。

生境及危害：路旁、耕地、弃耕地。影响农作物或本土植物的生长。

分布区域：桂西南（靖西、龙州）。

传播途径：种子常随农作物或带土苗木等载体传播扩散。

防治措施：在其开花前拔除。

15. 青葙

Celosia argentea L.

苋科 Amaranthaceae   青葙属 *Celosia*

形态特征：一年生草本。植株高 0.3 ～ 1.0 m，全株无毛。茎直立，有分枝，绿色或红色，具明显纵条纹。叶片长圆状披针形、披针形或披针状条形，少数卵状长圆形，绿色常带红色。花多数，密生，在茎端或枝端排成单一、无分枝的塔形或圆柱形穗状花序，长 3 ～ 10 cm；花被片长圆状披针形，长 6 ～ 10 mm，初为白色且先端带红色，或全部粉红色，后变为白色；花药紫色；花柱紫色。胞果卵形。种子凸透镜状肾形。花期 5—8 月，果期 6—10 月。

重点识别特征：穗状花序塔形或圆柱形，不分枝；花被片初为白色且先端带红色，或有时为粉红色。

生境及危害：路旁、田边、耕地、弃耕地、山坡、垃圾场等。恶性杂草，危害农作物；与本土植物争夺养分，影响发生地的生物多样性及景观。

分布区域：桂西南（那坡、靖西、宁明、龙州、江州、大新）、南岭（环江、罗城、恭城、灵川、兴安）。

传播途径：种子常随农作物或带土苗木等载体传播扩散。

防治措施：在其结果前拔除。

16. 落葵薯

Anredera cordifolia （**Ten.**）**Steenis**

落葵科 Basellaceae　　　　　　　　落葵薯属 *Anredera*

形态特征：草质藤本。根状茎粗壮。茎缠绕，长可达数米，叶腋生小块茎（珠芽），叶片卵形至近圆形，长 2～6 cm，宽 1.5～5.5 cm，先端急尖，基部圆形或心形，稍肉质。总状花序具多朵花；花序轴纤细，下垂；花被片白色，渐变黑色，开花时张开；花丝顶端在蕾期时反折，开花时伸出花外；花柱白色，分裂成 3 个柱头臂，每臂具 1 个棍棒状或宽椭球形柱头。果未见。花期 6—10 月。

重点识别特征：缠绕藤本；叶腋生小块茎（珠芽）；花序轴下垂；花被片白色。

生境及危害：苗圃旁、沟边、灌木丛中、耕地边。繁殖能力强，易大面积生长，缠绕并覆盖小乔木、灌木或草本植物，使其生长不良或死亡。

分布区域：桂西南（那坡、靖西、田东、田阳、德保、右江区南部、天等、防城）、桂西黔南（西林、田林、右江区北部、凌云、隆林、乐业、天峨）、南岭（环江、罗城、融水、融安、恭城、永福）。

传播途径：腋生小块茎或断枝易随带土苗木等载体传播扩散，落地后可长成新植株。

防治措施：人工拔除时要特别注意清除其脱落的珠芽，避免再次传播；在苗期可施用除草剂，效果较好；防治后需监测清除区，防止其复生。

17. 落葵

Basella alba L.

落葵科 Basellaceae　　　　　　　　落葵属 *Basella*

形态特征：一年生草本。茎缠绕，长可达数米，无毛，肉质，绿色或略带紫红色。叶片卵形或近圆形，长 3～9 cm，宽 2～8 cm，先端渐尖，基部微心形或圆形，下延成柄。穗状花序腋生；花被裂片淡红色或淡紫色，下部白色，连合成筒花被裂片卵状长圆形，先端钝圆，内折；雄蕊着生开花被筒喉部，花丝短，基部扁宽，白色，花药淡黄色。果球形，成熟时红色至深红色或黑色，多汁液。花期 5—9 月，果期 7—10 月。

重点识别特征：缠绕性草本；叶片基部下延成柄；穗状花序腋生；花被裂片淡红色或淡紫色。

生境及危害：弃耕地及路旁、水沟边、苗圃旁。茂盛的枝叶易形成覆盖层，使受覆盖植物生长不良或死亡。

分布区域：桂西南（宁明、江州）。

传播途径：种子常随带土苗木等载体传播扩散。

防治措施：将其植株连根拔除，晒干。

18. 野老鹳草

Geranium carolinianum L.

牻牛儿苗科 Geraniaceae 老鹳草属 *Geranium*

形态特征：一年生草本。植株高 20 ～ 60 cm。根纤细。茎直立或仰卧，具纵棱条，密被倒向短柔毛。基生叶早枯，茎生叶互生或最上部叶对生；叶片轮廓圆肾形，掌状 5 ～ 7 裂至近基部，基部心形；茎下部叶具长柄，柄长为叶片长的 2 ～ 3 倍，被倒向短柔毛，茎上部叶的柄渐短；托叶披针形或三角状披针形。顶生花序呈伞形，腋生或顶生，长于叶，花序梗常数个集生，每花序梗具 2 朵花；花瓣淡紫红色，倒卵形。蒴果长约 2 cm，外面被短糙毛，成熟时果瓣由喙上部先裂向下卷曲。花期 4—7 月，果期 5—9 月。

重点识别特征：叶片掌状 5 ～ 7 裂至近基部；顶生花序呈伞形状，花序梗常数个集生，花瓣淡紫红色。

生境及危害：果园、弃耕地、路旁。常见杂草，易形成单优势种群落，影响发生地的生物多样性。

分布区域：桂西黔南（田林）、南岭（灵川、兴安）。

传播途径：种子易随农作物或带土苗木等载体传播扩散。

防治措施：在其结果前拔除；化学防治可施用丁草胺等除草剂。

19. 红花酢浆草

***Oxalis corymbosa* DC.**

酢浆草科 Oxalidaceae   酢浆草属 *Oxalis*

形态特征： 多年生草本。植株地下部分有球状鳞茎，无地上茎。掌状复叶茎生，小叶 3 片，扁圆状倒心形；叶柄长 5～30 cm 或更长，被毛。花序梗基生，二歧聚伞花序，通常排成伞形花序式；花朵直径小于 2 cm；花瓣 5 枚，倒心形，淡紫色至紫红色，基部颜色较深；雄蕊 10 枚，长的 5 枚超出花柱，另 5 枚长至子房中部，花丝具长柔毛；花柱 5 枚，被锈色长柔毛，柱头浅 2 裂。花果期 3—12 月。

重点识别特征： 花瓣淡紫色至紫红色；花朵直径小于 2 cm。

生境及危害： 路旁、荒地、耕地、苗圃、草坪等处。恶性杂草，影响农作物或本土植物的生长，且极难清除。

分布区域： 桂西南（靖西、右江区南部、龙州、宁明、大新、扶绥、江州）、桂西黔南（隆林）、南岭（三江、资源、全州）。

传播途径： 鳞茎易随带土苗木等载体传播扩散，繁殖迅速。

防治措施： 将其鳞茎清除并晒干，防止其随带土苗木传播扩散；化学防治可施用 2, 4-D 钠盐、草坪 2 号、草坪 3 号、草甘膦等除草剂。

20. 凤仙花

Impatiens balsamina L.

凤仙花科 Balsaminaceae　　　　　　　　凤仙花属 *Impatiens*

形态特征：一年生草本。植株高 60～100 cm。茎粗壮，肉质，下部节常膨大。叶互生，最下部叶有时对生；叶片披针形、狭椭圆形或倒披针形，边缘有锐齿，近基部常有数对无柄的黑色腺体；叶柄腹面有浅沟，两侧具数对具柄的腺体。花单生或 2～3 朵簇生于叶腋，无总梗；花冠白色、粉红色或紫色，单瓣或重瓣；唇瓣深舟状，基部急尖成长 1.0～2.5 cm 内弯的距；旗瓣圆形，兜状，翼瓣具短柄，2 裂，下部裂片小，倒卵状长圆形，上部裂片近圆形，先端 2 浅裂；雄蕊 5 枚，花丝线形。蒴果宽纺锤形。花果期 7—10 月。

重点识别特征：叶片披针形、狭椭圆形或倒披针形，基部具数对无柄的黑色腺体，边缘具锐齿。

生境及危害：村落附近路旁。排挤本土植物，影响发生地的生物多样性。

分布区域：桂西黔南（西林）、南岭（灵川）。

传播途径：种子常随带土苗木等载体传播扩散。

防治措施：严格管理种植，禁止随意丢弃其种苗或种子。

21. 粉花月见草

Oenothera rosea L'Hér. ex Aiton.

柳叶菜科 Onagraceae　　　　　　月见草属 *Oenothera*

形态特征：一年生、二年生或多年生草本。茎常丛生，多分枝，被曲柔毛。茎生叶螺旋状互生，叶片灰绿色，披针形或长圆状卵形；侧脉 6～8 对。花朵大，4 基数，辐射对称，单生于茎枝顶端叶腋或退化叶腋，排成穗状花序、总状花序或伞房花序，通常花期短，常傍晚开放，至翌日日出时凋萎；萼片 4 枚，反折，绿色、淡红或紫红色；花瓣 4 枚，黄色、紫红色或白色，常呈倒心形或倒卵形。蒴果圆柱形，直立或弯曲，表面常具 4 棱或翅，成熟时室背开裂，稀不裂；种子每室多数，近横向簇生。花期 4—11 月，果期 9—12 月。

重点识别特征：花于傍晚时开放，花瓣黄色、紫红色或白色；蒴果表面具 4 棱或翅。

生境及危害：路旁。繁殖力、适应力强，易形成单优势种群落，排挤本土植物，影响发生地的生物多样性。

分布区域：桂西黔南（田林）。

传播途径：种子易随带土苗木等载体传播扩散。

防治措施：在其开花前拔除；化学防治可在其开花前施用草甘膦、2,4-D 钠盐等除草剂。

22. 紫茉莉

Mirabilis jalapa **L.**

紫茉莉科 Nyctaginaceae 紫茉莉属 *Mirabilis*

形态特征：一年生草本。根肥粗，倒圆锥形，黑色或黑褐色。茎直立，节部稍膨大。叶片卵形或卵状三角形，长 3～15 cm，宽 2～9 cm，先端渐尖，基部截形或心形。花常数朵簇生于枝端，常午后开放，有香气，翌日午前凋萎；花被紫红色、黄色、白色或杂色，高脚碟状，顶端 5 浅裂；雄蕊 5 枚，花药球形，花丝细长，常伸出花外；柱头头状，花柱单生，线形，伸出花外。瘦果球形，表面具皱纹，革质，成熟时黑色。花期 6—10 月，果期 8—11 月。

重点识别特征：花被紫红色、黄色、白色或杂色，高脚碟状；瘦果球形，表面具皱纹，成熟时黑色。

生境及危害：路旁、村旁、荒地、疏林下。易形成单优势种群落，影响发生地的生物多样性和景观；根和种子均有毒。

分布区域：桂西黔南（西林、隆林）、南岭（临桂）。

传播途径：种子常随带土苗木等载体传播扩散。

防治措施：在其结果前拔除。

23. 龙珠果

Passiflora foetida L.

西番莲科 Passifloraceae   西番莲属 *Passiflora*

形态特征：草质藤本。全株有臭味。茎具纵条纹并被平展茸毛；有卷须。叶片宽卵形至长圆状卵形，先端 3 浅裂，基部心形，边缘通常具头状缘毛；托叶半抱茎，深裂，裂片先端具腺毛。聚伞花序退化仅存 1 朵花，与卷须对生。花瓣 5 枚，白色或淡紫色，具白斑，与萼片等长；外副花冠裂片 3 ~ 5 轮，丝状；内副花冠非褶状，膜质；花盘杯状，高 1 ~ 2 mm；花柱 3 枚或 4 枚，柱头头状。浆果卵球形，具种子多数。种子椭球形，草黄色。花期 7—8 月，果期翌年 4—5 月。

重点识别特征：叶片先端 3 浅裂；聚伞花序退化仅存 1 朵花；外副花冠羽状细裂。

生境及危害：路旁、弃耕地。常攀附其他植物生长，形成大面积单优势种群落，危害本土植物，破坏发生地的生态系统。

分布区域：桂西南（江州、那坡）、桂西黔南（西林）。

传播途径：种子易随农作物等载体或被鸟类等食果动物传播扩散。

防治措施：在其结果前清除并晒干；化学防治可施用草甘膦、2,4-D 钠盐等除草剂。

24. 量天尺

Hylocereus undatus （Haw.）**D. R. Hunt**

仙人掌科 Cactaceae   量天尺属 _Hylocereus_

形态特征：攀缘状灌木。茎具气生根；分枝肉质，多数，延伸，深绿色至淡蓝绿色，具 3 棱，棱呈翅状；小窠沿棱排列，每小窠具 1 ～ 3 根开展的硬刺；刺锥形，灰褐色至黑色。花于夜间开放；花托及花托筒外面密被淡绿色或黄绿色鳞片，鳞片卵状披针形至披针形，长 2 ～ 5 cm，宽 0.7 ～ 1.0 cm；萼状花被片黄绿色，线形至线状披针形，通常反曲；瓣状花被片白色，长圆状倒披针形；花丝黄白色，花药淡黄色；花柱和柱头均为黄白色。浆果椭球形，成熟时红色。种子倒卵形，黑色。花期 7—12 月。

重点识别特征：分枝具 3 棱；小窠沿棱排列，每小窠具 1 ～ 3 根开展的硬刺；浆果椭球形，成熟时红色。

生境及危害：逸为野生，攀缘于树干、岩石或墙上。营养繁殖能力强，易形成单优势种群落，与本土植物争夺养分；含水量多，攀附其他植物时会使附主植物遭受重压而影响附主植物生长甚至导致其死亡。

分布区域：桂西南（江州）、南岭（兴安）。

传播途径：人为引种栽培后逸生。

防治措施：砍倒植株并连根挖除，晒干。

25. 仙人掌

Opuntia dillenii （**Ker Gawl.**）**Haw.**

仙人掌科 Cactaceae   仙人掌属 *Opuntia*

形态特征：灌木。植株高 1～3 m。茎丛生，肉质，上部分枝扁平，宽倒卵形、倒卵状椭圆形或近圆形，绿色至蓝绿色；小窠疏生，每小窠具（1）3～10（20）根刺，成长后刺常增粗并增多；刺黄色，粗钻形，基部扁。花辐状；花托倒卵形，绿色，疏生突出的小窠；萼状花被片黄色，具绿色中肋；瓣状花被片倒卵形或匙状倒卵形；花丝淡黄色，花药黄色；花柱淡黄色，柱头 5 枚，黄白色。浆果倒卵球形，成熟时紫红色，每侧具 5～10 个突起的小窠；具种子多数。种子扁球形，淡黄褐色。花果期 6—10（12）月。

重点识别特征：茎肉质；小窠具黄色刺；花被片黄色；浆果成熟时紫红色。

生境及危害：路旁、村旁、耕地旁。营养繁殖能力强，易形成单优势种群落；刺及倒刺刚毛均易刺伤人或家畜。

分布区域：桂西南（靖西、龙州、大新）。

传播途径：人为引种栽培后逸生。

防治措施：将植株连根挖除，晒干。

26. 番石榴

Psidium guajava L.

桃金娘科 Myrtaceae   番石榴属 *Psidium*

形态特征：灌木或小乔木。植株高 2～6 m。树皮光滑，灰色，片状剥落；嫩枝有棱。叶片革质，长圆形至椭圆形，长 6～12 cm，宽 3.5～6.0 cm，先端急尖或钝，基部近圆形，两面侧脉均明显。花单生或 2～3 朵排成聚伞花序；萼筒钟形，长约 5 mm，外面有毛，萼帽近圆形，长 7～8 mm，不规则裂开；花瓣白色；花柱与雄蕊同长，子房下位，与萼合生。浆果球形、卵球形或梨形，顶端有宿存萼裂片；果肉白色或黄色；胎座肥大，肉质，淡红色；具种子多数。花期夏季，果期 8—9 月。

重点识别特征：树皮光滑，灰色，片状剥落；嫩枝有棱；叶片两面侧脉均明显。

生境及危害：荒地、路边或低丘陵上。逸为野生种群，易形成单优势种群落，排挤本土植物。

分布区域：桂西南（靖西、大新、江州、龙州、宁明）。

传播途径：人为引种栽培时扩散，种子易被鸟类等食果动物传播扩散。

防治措施：控制引种并加强管理；对野生种群可以通过清除并种植其他树木或经济作物加以控制。

27. 黄花稔

Sida acuta Burm. f.

锦葵科 Malvaceae   黄花稔属 *Sida*

形态特征：半灌木状草本。植株高 1～2 m。茎直立，多分枝，小枝被柔毛至近无毛。叶片披针形，长 2～5 cm，宽 4～10 mm，先端短尖或渐尖，基部圆或钝，边缘具锯齿，两面均无毛或疏被星状茸毛，腹面偶被单毛；托叶线形，与叶柄近等长，常宿存。花单朵或成对生于叶腋；花萼浅杯状，萼裂片 5 枚，无毛，尾状渐尖；花冠黄色，花瓣倒卵形。蒴果近圆球形；分果爿 4～9 个，但通常为 5～6 个，长约 3.5 mm，顶端具 2 枚短芒；果皮具网状皱纹。花果期冬春季。

重点识别特征：叶片披针形，基部圆或钝，两面均无毛或疏被星状柔毛；花萼无毛，花冠黄色。

生境及危害：路旁、弃耕地、杂草丛。易形成单优势种群落，与本土植物争夺养分，影响发生地的生物多样性。

分布区域：桂西南（那坡）、南岭（兴安）。

传播途径：种子易随农作物或带土苗木等载体传播扩散。

防治措施：在其开花前拔除。

28. 赛葵

Malvastrum coromandelianum（L.）Garcke

锦葵科 Malvaceae　　　　　　　　赛葵属 _Malvastrum_

形态特征：半灌木状草本。茎直立，高达 1 m。叶片卵状披针形或卵形，长 3～6 cm，宽 1～3 cm，先端钝尖，基部宽楔形至圆形，边缘具粗锯齿；叶柄密被长毛；托叶披针形。花单生于叶腋；花萼浅杯状，顶部 5 裂，萼裂片卵形，基部合生；花冠黄色，花瓣 5 枚，倒卵形。果直径约 6 mm；分果爿 8～12 个，肾形，疏被星状柔毛，顶端具 2 枚芒刺。花果期几全年。

重点识别特征：花单生于叶腋；分果爿顶端具 2 枚芒刺。

生境及危害：路旁、荒地、弃耕地。与本土植物竞争养分，影响发生地的生物多样性。

分布区域：桂西南（宁明、龙州、大新、江州）。

传播途径：种子易随农作物或带土苗木等载体传播扩散。

防治措施：在其结果前连根挖除，晒干；化学防治可施用麦草畏、草甘膦、利谷隆等除草剂。

29. 飞扬草

Euphorbia hirta L.

大戟科 Euphorbiaceae　　　　　　　　大戟属 *Euphorbia*

形态特征：一年生草本。植株有乳汁。茎单一，自中部向上分枝或不分枝，高 30～60（70）cm，被褐色或黄褐色的多细胞粗硬毛。叶对生；叶片披针状长圆形、长椭圆状卵形或卵状披针形，先端极尖或钝，基部略偏斜；腹面绿色，背面灰绿色，有时具紫色斑，两面均被柔毛。杯状聚伞花序多数，于叶腋处密集成头状，基部无梗或仅具极短的梗；雄花数朵，雌花 1 朵；花柱 3 枚，分离，柱头 2 浅裂。蒴果三棱柱状，外面被毛，成熟时分裂为 3 个果瓣。种子近四棱球状，无种阜。花果期 6—12 月。

重点识别特征：植株有乳汁；茎被褐色或黄褐色毛；叶片先端极尖或钝；蒴果被毛。

生境及危害：路旁、耕地、弃耕地、草丛、灌木丛中及山坡，多见于砂质土壤中。普通杂草，影响农作物和本土植物的生长。

分布区域：桂西南（那坡、防城、龙州、江州）、南岭（罗城、环江、融安、三江、灵川、兴安）。

传播途径：种子常随农作物或带土苗木等载体传播扩散。

防治措施：在其结果前拔除或铲除；化学防治可施用甲基砷酸钠、2,4-D 钠盐等除草剂。

30. 通奶草

Euphorbia hypericifolia L.

大戟科 Euphorbiaceae   大戟属 *Euphorbia*

形态特征：一年生草本。植株有乳汁。根纤细，常不分支，少数有末端分支。茎直立，自基部分枝或不分枝，高 15～30 cm。叶对生；叶片狭长圆形或倒卵形，基部通常偏斜，腹面深绿色，背面淡绿色，有时略带紫红色。苞叶 2 枚，与茎生叶同形。杯状聚伞花序数个簇生于叶腋或枝顶，每个花序基部具纤细的梗；总苞陀螺状；腺体 4 枚，边缘具白色或淡粉色附属物。每个花序具雄花数朵、雌花 1 朵；雌花花柱 3 枚，分离，柱头 2 浅裂。蒴果三棱柱状，成熟时分裂为 3 个果瓣。种子卵棱状，无种阜。花果期 8—12 月。

重点识别特征：植株有乳汁；苞叶 2 枚，与茎生叶同形；叶片无紫斑；花序的腺体边缘具白色或淡粉色附属物。

生境及危害：草地、耕地、弃耕地、路旁。普通杂草，影响农作物或本土植物的生长。

分布区域：桂西南（靖西、江州、大新）、南岭（环江、罗城、兴安）。

传播途径：种子常随农作物或带土苗木等载体传播扩散。

防治措施：在其开花结果前拔除。

31. 白苞猩猩草

Euphorbia heterophylla **L.**

大戟科 Euphorbiaceae   大戟属 *Euphorbia*

形态特征：多年生草本。茎直立，高达 1 m。叶互生；叶片卵形至披针形，先端尖或渐尖，基部钝至圆，边缘具锯齿或全缘，两面均被柔毛；苞叶与茎生叶同形，较小，绿色或基部白色。杯状聚伞花序单生；总苞钟状，顶部 5 裂，裂片边缘具毛；腺体常 1 枚，偶 2 枚，杯状；每个花序具雄花多朵、雌花 1 朵；花柱 3 枚，柱头 2 裂。蒴果卵球形，外面被柔毛。种子菱状卵形，表面被瘤状突起，灰色至褐色；无种阜。花果期 2—11 月。

重点识别特征：苞叶与茎生叶同形，绿色或基部白色；花序的腺体杯状。

生境及危害：路边、荒地。普通杂草，影响本土植物的生长。

分布区域：桂西黔南（西林）。

传播途径：种子常随农作物或带土苗木等载体传播扩散。

防治措施：在其开花结果前拔除。

32. 匍匐大戟

***Euphorbia prostrata* Aiton**

大戟科 Euphorbiaceae　　　　　　　大戟属 *Euphorbia*

形态特征：一年生草本。植株有乳汁。茎匍匐状，自基部多分枝，被茸毛，长 15 ～ 19 cm，通常呈淡红色或红色，少绿色或淡黄绿色。叶对生；叶片椭圆形至倒卵形，基部偏斜；腹面绿色，背面有时略呈淡红色或红色；叶柄极短或近无。杯状聚伞花序常单生于叶腋，少为数个簇生于小枝顶端；腺体 4 枚，具极窄的白色附属物。每个花序具雄花数朵、雌花 1 朵；花柱 3 枚，近基部合生，柱头 2 裂。蒴果三棱柱状，外面除果棱上被白色疏柔毛外，其他部位无毛。种子卵状四棱柱形，黄色，每一棱面上有 6 ～ 7 道横沟；无种阜。花果期 4—10 月。

重点识别特征：植株有乳汁；茎匍匐状，自基部多分枝，被茸毛；果棱上被白色疏柔毛。

生境及危害：路旁、屋旁和荒地灌木丛中。普通杂草，影响本土植物的生长。

分布区域：桂西黔南（西林）。

传播途径：种子常随带土苗木等载体传播扩散，也随水流、风等自然传播。

防治措施：在其开花结果前清除；农田中可用恶草灵等除草剂处理土壤加以控制，非农田生境中可施用草甘膦等除草剂。

33. 苦味叶下珠

Phyllanthus amarus Shumach. et Thonn.

大戟科 Euphorbiaceae   叶下珠属 *Phyllanthus*

形态特征：一年生草本。植株高达 50 cm。全株无毛，无乳汁。茎常自中上部分枝，枝圆柱形，橄榄绿色。叶片椭圆形，长 5～10 mm，宽 2～5 mm。常 1 朵雌花单生或 1 朵雄花双生于每一叶腋内；雄花萼片 5 枚，花盘腺体 5 枚，倒卵形，雄蕊 3 枚；雌花花梗长 1.5～4.0 mm，萼片 5 枚，不相等，中部绿色，边缘略带黄白色。蒴果扁球形，直径约 3 mm，外面平滑。种子表面有小颗粒状排列成的纵条纹。花果期 1—10 月。

重点识别特征：全株无毛，无乳汁；蒴果扁球形，直径约 3 mm。

生境及危害：路旁、旷野草地等。普通杂草，影响本土植物的生长。

分布区域：桂西南（龙州）、南岭（融安）。

传播途径：种子常随农作物或带土苗木等载体传播扩散。

防治措施：在其开花结果前拔除；化学防治可施用草甘膦、草丁膦等除草剂。

34. 蓖麻

***Ricinus communis* L.**

大戟科 Euphorbiaceae   蓖麻属 *Ricinus*

形态特征：一年生草本或半灌木。植株高达 5 m；小枝、叶和花序通常均被白霜。茎粗壮，多汁液。叶片掌状 7 ～ 11 裂，轮廓近圆形，长和宽均达 40 cm 或更大。叶柄粗壮，中空，顶端具 2 枚盘状腺体，基部具盘状腺体。总状花序或圆锥花序；雄蕊束众多；花柱红色，顶部 2 裂，密生乳头状突起，子房卵状，密生软刺或无刺。蒴果卵球形或近球形，果皮具软刺或平滑。种子椭球形，微扁平，表面平滑，具淡褐色或灰白色斑纹；种阜大。花果期几乎全年或 6—9 月。

重点识别特征：小枝、叶和花序通常均被白霜；茎粗壮，多汁液；叶片掌状 7 ～ 11 裂，叶柄中空；果皮具软刺或平滑。

生境及危害：路旁、村边、荒地。与本土植物争夺养分，影响发生地的生物多样性；是多种病虫害的寄主，会为害栽培植物；种子含有毒化学成分蓖麻毒蛋白（ricin）和蓖麻碱（ricinine），人或家禽误食会中毒，严重者死亡。

分布区域：桂西南（龙州、防城）、南岭（灵川）。

传播途径：种子常随带土苗木等载体或人类生活垃圾等传播扩散。

防治措施：在其结果前连根拔除；化学防治可施用豆草隆等除草剂，在苗期施用效果最好。

35. 猪屎豆

Crotalaria pallida auct. non Aiton: T. L. Wu

豆科 Fabaceae（Leguminosae）　　　　　猪屎豆属 *Crotalaria*

形态特征： 多年生草本或呈灌木状。茎枝圆柱形，具纵向小沟纹。三出复叶；小叶长圆形或椭圆形，先端钝圆或微凹，基部阔楔形。总状花序顶生，长达 25 cm，有花 10～40 朵；苞片线形；花萼近钟状，顶部 5 裂；花冠黄色，伸出萼外，旗瓣圆形或椭圆形，基部具胼胝体 2 枚，翼瓣长圆形，龙骨瓣最长，弯曲接近 90°，先端具长喙，基部边缘具柔毛。荚果长圆筒形，果瓣开裂后扭转，具种子 20～30 粒。花果期 9—12 月。

重点识别特征： 小叶长圆形或椭圆形，先端钝圆或微凹。

生境及危害： 路旁、荒地。排挤本土植物，影响发生地的生物多样性。

分布区域： 桂西南（靖西、防城）。

传播途径： 种子常随农作物或带土苗木等载体传播扩散。

防治措施： 在其开花结果前拔除。

36. 光荚含羞草

Mimosa bimucronata（DC.）Kuntze

豆科 Fabaceae（Leguminosae）　　　　含羞草属 *Mimosa*

形态特征：落叶灌木或小乔木。植株高 3 ～ 7 m。茎多分枝，有刺；小枝有明显皮孔。叶互生，二回羽状复叶，具羽片 6 ～ 7 对；羽片长 2 ～ 6 cm，具小叶 12 ～ 16 对；小叶长 5 ～ 7 mm，宽 1.0 ～ 1.5 mm，革质，先端具小尖头，除边缘疏具缘毛外，其余无毛，中脉略偏上缘。头状花序球形；花冠白色，基部连合；花冠裂片长圆形；雄蕊 8 枚。荚果带状，劲直，外面无刺毛，通常有 5 ～ 7 个荚节，成熟时褐色，荚节脱落并残留荚缘。

重点识别特征：茎多分枝，有刺；小枝有明显皮孔；荚果带状，外面无刺毛。

生境及危害：路旁、荒废耕地、疏林下或果园、苗圃旁。生长繁殖快，易形成单优势种群落，与本土植物竞争养分，影响发生地的生物多样性及栽培作物生长。

分布区域：桂西南（那坡、靖西、德保、江州、龙州、大新、天等、防城、上思、东兴）、桂西黔南（西林）、南岭（八步）。

传播途径：种子常随带土苗木等载体传播扩散。

防治措施：在其苗期及时清除；限制引种栽培。

37. 含羞草

***Mimosa pudica* L.**

豆科 Fabaceae（Leguminosae）　　　　含羞草属 *Mimosa*

形态特征：半灌木状草本。植株高可达 1 m；茎披散，其上有散生下弯的钩刺及倒生刺毛。二回羽状复叶，通常具 2 对羽片；羽片指状排列于叶柄顶端，长 3～8 cm；具小叶 10～20 对；小叶线状长圆形；羽片及小叶被外力触之即闭合而下垂；托叶披针形，有刚毛。头状花序圆球形，单生或 2～3 个生于叶腋；花小，多数；花冠钟状，淡红色，花冠裂片 4 枚；雄蕊 4 枚，淡红色，伸出花冠之外。荚果扁平，长圆形，稍弯曲，边缘波状，具刺毛，成熟时荚节脱落，荚缘宿存。种子卵形。花期 3—10 月；果期 5—11 月。

重点识别特征：羽片及小叶被外力触之即闭合而下垂；头状花序淡红色。

生境及危害：生于旷野荒地、灌木丛中、路旁，常有栽培供观赏。常见杂草；全株有毒，曾有报道在广西南部发生牛误食含羞草中毒死亡的事件。

分布区域：桂西南（宁明、江州、龙州、防城）。

传播途径：种子常随带土苗木等载体传播扩散。

防治措施：限制引种栽培；禁止栽培后随意遗弃；在其结果前及时清除。

129

38. 银合欢

Leucaena leucocephala（**Lam.**）**de Wit**

豆科 Fabaceae（Leguminosae）　　　　　　银合欢属 *Leucaena*

形态特征：灌木或小乔木。植株高 2～6 m。幼枝被短茸毛；老枝无毛，具褐色皮孔，无刺。二回羽状复叶，具羽片 4～8 对，叶轴在最下一对羽片着生处有黑色腺体 1 枚，羽片长 5～9（16）cm，具小叶 5～15 对；小叶线状长圆形，长 7～13 mm，宽 1.5～3.0 mm，两侧不等宽。头状花序通常 1～2 个腋生；花瓣白色，狭倒披针形；雄蕊 10 枚，白色，伸出花冠之外。荚果带状，顶端凸尖，基部有柄；种子 6～25 粒，卵形，褐色，扁平，表面有光泽。花期 4—7 月，果期 8—10 月。

重点识别特征：老枝具褐色皮孔，无刺；叶轴在最下一对羽片着生处有黑色腺体 1 枚；头状花序白色。

生境及危害：路旁、荒地或疏林中。生长快，具化感作用，在发生地可抑制其他树种的生长；枝叶有小毒，牛、羊啃食过量可导致皮毛脱落。

分布区域：桂西南（那坡、江州）、南岭（环江、罗城、融水、融安、三江、恭城、富川、永福、兴安、灵川、龙胜、八步）。

传播途径：种子常随带土苗木或自然风力等传播扩散。

防治措施：限制引种栽培和禁止栽培后随便遗弃；在发生区砍伐和替代种植其他乔灌木。

39. 望江南

Senna occidentalis（L.）Link

豆科 Fabaceae（Leguminosae）　　　　山扁豆属 *Senna*

形态特征：半灌木或灌木。全株无毛，植株高 0.8～1.5 m。根黑色。茎直立，分枝少；小枝略草质，有纵棱。小叶 4～5 对；小叶柄经揉搓有腐败气味散出；叶柄近基部有大而带褐色、圆锥形的腺体 1 枚；托叶膜质，卵状披针形，早落。花数朵排成伞房状总状花序，腋生和顶生；花瓣黄色，先端圆形，有短狭的瓣柄。荚果带状镰形，压扁，稍弯曲，成熟时褐色，边缘色较淡，加厚，顶端有尖头；种子间有薄隔膜。种子卵形、稍扁。花期 4—8 月，果期 6—10 月。

重点识别特征：小叶 4～5 对；荚果带状镰形，压扁。

生境及危害：路边、旷野或丘陵的灌木丛、村边荒地。易形成单优势种群落，排挤本土植物，影响发生地的生物多样性。

分布区域：桂西南（靖西、宁明、江州）。

传播途径：种子常随农作物或带土苗木等载体传播扩散。

防治措施：在其结果前拔除；化学防治可施用麦草畏等除草剂。

40. 田菁

Sesbania cannabina（**Retz.**）**Pers.**

豆科 Fabaceae（Leguminosae）　　　田菁属 _Sesbania_

形态特征：一年生半灌木状草本。植株高 2.0～3.5 m。茎绿色，有时带褐红色，微被白霜。偶数羽状复叶有小叶 20～30（～40）对；小叶线状长圆形，基部两侧不对称，两面被紫褐色小腺点；小托叶钻形，宿存。总状花序疏生 2～6 朵花；花梗纤细，下垂；花冠黄色，旗瓣横椭圆形或近圆形，外面散生紫黑色点斑和线斑，基部有 2 枚小胼胝体。荚果细长圆柱形，顶端具喙。种子黑褐色，短圆柱形，表面有光泽。花果期 7—12 月。

重点识别特征：茎微被白霜；总状花序具 2～6 朵花；花冠黄色，长 10～12 mm。

生境及危害：路旁、弃耕地、水田、水沟等潮湿低地。常形成单优势种群落，排挤本土植物，影响发生地的生物多样性；侵占道路。

分布区域：桂西南（防城）、南岭（罗城）。

传播途径：种子常随农作物或带土苗木等载体传播扩散。

防治措施：在其结果前拔除；化学防治可施用乙氧氟草醚等除草剂。

41. 白车轴草

Trifolium repens L.

豆科 Fabaceae（Leguminosae） 车轴草属 *Trifolium*

形态特征：多年生草本。植株高 10～30 cm。主根短，侧根及茎节上的不定根发达。茎匍匐蔓生，上部稍上升。掌状三出复叶；小叶倒卵形至近圆形，先端凹至钝圆，基部楔形渐窄至小叶柄；叶柄较长，长 10～30 cm。短总状花序球形，顶生；苞片披针形，膜质，锥尖；花冠白色、乳黄色或淡红色，具香气，旗瓣椭圆形，比翼瓣和龙骨瓣长近 1 倍，龙骨瓣比翼瓣稍短。荚果长圆柱形；通常具种子 3 粒。种子阔卵形。花果期 5—10 月。

重点识别特征：茎匍匐蔓生，节上生不定根；花序球形。

生境及危害：路边。呈片状发生，影响本土植物生长及发生地的生物多样性。

分布区域：桂西黔南（田林）。

传播途径：人工引种栽培；种子常随带土苗木等载体传播扩散。

防治措施：严格管理引种栽培，防止其逸生；化学防治可施用二甲四氯等除草剂。

42. 长柔毛野豌豆

Vicia villosa **Roth**

豆科 Fabaceae（Leguminosae） 野豌豆属 *Vicia*

形态特征：一年生草本。全株被长柔毛。茎柔软，攀缘或蔓生，多分枝，长 30～150 cm。偶数羽状复叶通常具 5～10 对小叶，叶轴顶端卷须有 2～3 分歧；小叶长圆形、披针形至线形；托叶披针形或 2 深裂，呈半边箭头形。总状花序腋生，与叶近等长或略长于叶，具花 10～20 朵，一面向着生于总花序轴上部；花冠紫色、淡紫色或紫蓝色，旗瓣长圆形，翼瓣短于旗瓣，龙骨瓣短于翼瓣。荚果长圆柱状菱形，顶端具喙；具 2～8 粒种子，种子球形，黄褐色至黑褐色。花果期 4—10 月。

重点识别特征：全株被长柔毛；小叶长圆形、披针形至线形；花冠紫色、淡蓝色或紫蓝色。

生境及危害：耕地、荒地草丛。排挤本土植物，影响农田作物生长。

分布区域：桂西黔南（隆林）。

传播途径：种子易随农作物等载体传播扩散。

防治措施：在其开花前拔除。

43. 小叶冷水花

***Pilea microphylla*（L.）Liebm.**

荨麻科 Urticaceae   冷水花属 *Pilea*

形态特征：纤细小草本。全株无毛。茎肉质，多分枝，铺散或直立，干时常变蓝绿色，密布条形钟乳体。叶很小，同对的不等大，倒卵形至匙形，两面侧脉不明显，干时背面呈细蜂巢状，钟乳体条形且在腹面明显。雌雄同株，有时同序，聚伞花序密集成近头状，具梗，稀近无梗；雄花具梗，雄蕊 4 枚，退化雌蕊不明显；雌花更小，花被片 3 枚，稍不等长。瘦果卵形，成熟时变褐色，表面光滑。花期夏秋季，果期秋季。

重点识别特征：小草本；叶很小，倒卵形或匙形，侧脉不明显。

生境及危害：路边石缝和墙上阴湿处。常见杂草，与本土植物竞争养分，影响发生地的生物多样性。

分布区域：桂西南（靖西、田东）、南岭（环江、融安、融水、三江、永福、灵川、龙胜）。

传播途径：种子常随带土苗木等载体传播扩散。

防治措施：在其开花结果前拔除。

44. 刺芹

***Eryngium foetidum* L.**

伞形科 Apiaceae   刺芹属 *Eryngium*

形态特征：二年生或多年生草本。茎无毛，草绿色，高达 40 cm，上部三歧至五歧聚伞式分枝。基生叶披针形或倒披针形，边缘有骨质锐锯齿，叶柄短且基部有鞘；茎生叶着生在叉状分枝的基部，对生，无柄，边缘有深锯齿。圆柱形头状花序生于茎分叉处及上部短枝；总苞片 4 ～ 7 枚，披针形；花瓣白色、淡黄色或淡绿色，先端内折。果卵球形或球形，长 1.1 ～ 1.3 mm，外面有鳞状或瘤状突起。

重点识别特征：叶片边缘有刺状锯齿，革质；花瓣白色、淡黄色或淡绿色；果体表面有鳞状或瘤状突起。

生境及危害：山地林下、路旁、沟边、果园、田园等湿润处。普通杂草，可通过化感作用影响本土植物生长。

分布区域：桂西南（防城）、南岭（融安、兴安）。

传播途径：作为蔬菜和观赏植物引入栽培，种子常随农作物等载体传播扩散。

防治措施：在其开花前拔除；化学防治可施用草甘膦、麦草畏等除草剂处理茎叶。

45. 马利筋

Asclepias curassavica L.

萝藦科 Asclepiadaceae　　　　　　　马利筋属 *Asclepias*

形态特征：多年生直立草本或灌木状。植株高达 80 cm，全株有白色乳汁。茎淡灰色，无毛或有微毛。叶片膜质，披针形至椭圆状披针形，长 6 ～ 14 cm，宽 1 ～ 4 cm，先端短渐尖或急尖，基部楔形且下延至叶柄。聚伞花序顶生或腋生，具花 10 ～ 20 朵；花冠紫红色，花冠裂片长圆形，反折；副花冠生于合蕊冠上，5 裂，黄色，内有舌状片；花粉块长圆柱形，下垂，着粉腺紫红色。种子卵球形，顶端具白色绢质种毛；种毛长约 2.5 cm。花期几乎全年，果期 8—12 月。

重点识别特征：全株有白色乳汁；花冠紫红色，花冠裂片反折；副花冠生于合蕊冠上，黄色。

生境及危害：路旁、荒地。普通杂草，与本土植物竞争养分，影响农作物生长。

分布区域：桂西南（那坡、靖西、大新）、桂西黔南（天峨）。

传播途径：种子易随农作物等载体传播扩散。

防治措施：管理好栽培，禁止随意丢弃种苗；在其开花前拔除。

46. 阔叶丰花草

Borreria latifolia **Aubl.**

茜草科 Rubiaceae   丰花草属 *Borreria*

形态特征： 多年生草本。茎枝披散、粗壮，为明显的四棱柱形，棱上具狭翅。叶片椭圆形或卵状长圆形；托叶膜质，被粗毛，顶部有数条长于鞘的刺毛。花数朵簇生于托叶鞘内，无梗；萼筒圆筒形，外面被粗毛，萼檐4裂；花冠漏斗状，浅紫色，罕有白色；柱头2枚，裂片线形。蒴果椭球形，外面被毛，成熟时从顶部纵裂至基部，隔膜不脱落或1个果瓣的隔膜脱落。种子近椭球形，干后浅褐色或黑褐色，表面无光泽，有小颗粒。花果期5—7月。

重点识别特征： 叶片椭圆形或卵状长圆形；托叶顶部有长于鞘的刺毛；花冠漏斗状，浅紫色，罕有白色。

生境及危害： 路旁、荒地、草地、果园、耕地等。恶性杂草，入侵茶园、果园、蔗田等旱作物地；与本土植物竞争水分、养分，能产生抗药性，化学防治难以根除。

分布区域： 桂西黔南（田林）、南岭（八步）。

传播途径： 种子常随农作物或带土苗木等载体传播扩散。

防治措施： 在其开花前连根拔除，晒干；化学防治可施用草甘膦、四氯丙酸钠等除草剂。

47. 紫茎泽兰

Ageratina adenophora（Spreng.）R. M. King et H. Rob.

菊科 Asteraceae（Compositae）　　　　　　紫茎泽兰属 *Ageratina*

形态特征：多年生草本。植株高 30 ～ 90 cm。茎紫色，直立，分枝对生、斜上；全部茎枝被白色或锈色短柔毛。叶对生；叶片卵形、三角状卵形或菱状卵形，长 3.5 ～ 7.5 cm，宽 1.5 ～ 3.0 cm，先端急尖，基部平截式稍心形，腹面绿色，背面色淡；基出脉 3 条；有长叶柄。头状花序多数在茎枝顶端排成伞房花序或复伞房花序；管状花两性，花冠淡紫色。瘦果成熟时黑褐色，长椭球形，外面具 5 棱；冠毛白色，纤细，与花冠等长。花果期 4—10 月。

重点识别特征：茎紫色，全部茎枝被白色或锈色短柔毛；叶对生，叶片卵形、三角状卵形或菱状卵形；冠毛白色。

生境及危害：路旁、村旁、荒地、沟边、耕地等。威胁本土植物的生长。

分布区域：桂西南（那坡、靖西、德保、田阳、右江区南部）、桂西黔南（西林、凌云、田林、隆林、乐业、天峨、南丹）、南岭（环江、融水、融安、临桂）。

传播途径：带冠毛的瘦果自然扩散或随农作物及交通工具等载体传播扩散。

防治措施：若为小面积发生，人工及时清除；生物防治用泽兰实蝇（*Procecidochares utilis*）对植株生长具有一定的抑制作用；化学防治可施用 2, 4–D 钠盐、草甘膦、敌草隆等除草剂。

48. 藿香蓟

Ageratum conyzoides L.

菊科 Asteraceae（Compositae）　　　藿香蓟属 *Ageratum*

形态特征：一年生草本。植株高 50 ～ 100 cm，有时不足 10 cm。茎粗壮，或少有纤细的；全部茎枝淡红色或上部绿色，被白色尘状短柔毛或上部被稠密开展的长茸毛；常有腋生的不发育的芽。叶对生，有时茎上部的叶互生；叶片先端急尖，两面均被白色的稀疏短柔毛且有黄色腺点；基出脉 3 条或 5 条。头状花序 4 ～ 18 个在茎顶排成通常紧密的伞房状花序，少有排成松散伞房花序式的；管状花的花冠淡紫色。瘦果成熟时黑褐色，外面具 5 棱，被白色稀疏细柔毛。花果期全年。

重点识别特征：总苞钟状或半球状；总苞片较宽，长圆形或披针状长圆形；瘦果的冠毛近等长。

生境及危害：耕地、果园、茶园、苗圃、荒地、林缘、草地、河边、村旁。发生量通常大，是耕地、果园等常见的恶性杂草。

分布区域：桂西南（那坡、靖西、德保、田东、田阳、右江区南部、宁明、江州、龙州、大新、天等、防城、上思、东兴）、桂西黔南（田林、西林、凌云、右江区北部、隆林、乐业、天峨、南丹）、南岭（环江、罗城、融水、融安、三江、恭城、富川、永福、灵川、兴安、临桂、龙胜、八步）。

传播途径：带冠毛的瘦果自然扩散或随农作物、带土苗木等载体传播扩散。

防治措施：在开花前实行多次铲除；化学防治可施用乙羧氟草醚、金都尔等除草剂。

49. 熊耳草

***Ageratum houstonianum* Mill.**

菊科 Asteraceae（Compositae） 藿香蓟属 *Ageratum*

形态特征：一年生草本。植株高 30 ～ 70 cm 或有时达 1 m。茎直立，不分枝，或自中上部或自下部分枝且分枝斜升，或下部茎枝平卧而节部生不定根；全部茎枝淡红色或绿色或麦秆黄色，被白色茸毛或薄绵毛。叶对生，有时茎上部的叶近互生，自茎中部向上及向下和腋生枝上的叶均渐小或小；叶片先端圆钝或急尖，基部心形或平截；基出脉 3 条或 5 条；全部叶有叶柄。头状花序 5 ～ 15 个或更多在茎枝顶端排成伞房花序或复伞房花序；总苞片狭披针形，外被较多的腺质细柔毛；管状花的花冠檐部淡紫色，5 裂。瘦果成熟时黑色，外面有 5 条纵棱；冠毛膜片状，5 枚，分离。花果期全年。

重点识别特征：叶片基部心形或平截；总苞片狭披针形，外被较多的腺质细柔毛；管状花的花冠檐部淡紫色。

生境及危害：耕地、茶园、果园、荒地等。常见杂草，危害农作物。

分布区域：南岭（环江、罗城、恭城、兴安、灵川）。

传播途径：带冠毛的瘦果自然扩散或随农作物、带土苗木等载体传播扩散。

防治措施：在其开花前铲除；化学防治可施用草甘膦等除草剂。

50. 飞机草

***Chromolaena odoratum*（L.）R. M. King et H. Rob.**

菊科 Asteraceae（Compositae）　　　飞机草属 *Chromolaena*

形态特征： 多年生草本。根状茎粗壮，横走。茎直立，苍白色，有细条纹；分枝粗壮，常对生；全部茎枝被稠密黄色茸毛或短柔毛。叶对生；叶片卵形、三角形或卵状三角形，两面粗涩，均被长柔毛及红棕色腺点，背面及沿脉的毛及腺点均稠密，基出脉 3 条。头状花序在茎顶或枝端排成伞房状或复伞房状花序；总苞片 3～4 层，覆瓦状排列；全部苞片有 3 条宽中脉，无腺点；管状花的花冠白色或粉红色。瘦果成熟时黑褐色，外面具 5 棱，无腺点，沿棱有稀疏的白色的贴伏顺向短柔毛。花果期 4—12 月。

重点识别特征： 植株粗壮，分枝水平直出；头状花序在茎顶或枝端排成伞房状或复伞房状花序；管状花的花冠白色或粉红色。

生境及危害： 干燥地、采伐地、垦荒地、路旁、村旁及田间。常见杂草，危害农作物。

分布区域： 桂西南（那坡、靖西、德保、田东、田阳、右江区南部、天等、宁明、防城、上思、东兴）、桂西黔南（田林、右江区北部、西林、隆林、乐业、天峨）。

传播途径： 瘦果轻且有冠毛，极易黏附在载体上或随风力、水流等自然传播。

防治措施： 在其开花前铲除；化学防治可在其苗期施用草甘膦和 2,4-D 丁酯等除草剂，但对成年植株效果较差，并且用化学防治后需要种植本土植物恢复发生地的生态，防止其二次入侵。

155

51. 银胶菊

Parthenium hysterophorus L.

菊科 Asteraceae（Compositae）　　　　　银胶菊属 _Parthenium_

形态特征：一年生草本。茎直立，多分枝。茎下部和中部的叶二回羽状深裂，羽片 3～4 对；茎上部叶无柄，羽裂。头状花序小，多数，在茎枝顶端排成开展的伞房花序；舌状花 1 层，5 朵，长约 1.3 mm，舌片白色，卵形或卵圆形，先端 2 裂；管状花多数，长约 2 mm，花冠檐部 4 浅裂，花冠裂片短尖或短渐尖，具乳头状突起。瘦果倒卵形，基部渐尖，干时黑色，外面被疏腺点；冠毛 2 层，鳞片状，长圆形，先端截平或有时具细齿。花果期 4—10 月。

重点识别特征：叶片二回羽状深裂；头状花序小，舌状花白色；冠毛鳞片状，先端截平或有疏细齿。

生境及危害：旷地、路旁、河边、村旁。常见恶性杂草，危害农作物。

分布区域：桂西南（龙州、大新、天等、扶绥、江州、防城、上思）、南岭（融水）。

传播途径：瘦果常随交通工具、锄具及农作物等载体传播扩散。

防治措施：在其开花前拔除；化学防治可施用麦草畏等除草剂。

52. 豚草

Ambrosia artemisiifolia L.

菊科 Asteraceae（Compositae）　　　　豚草属 *Ambrosia*

形态特征：一年生草本。植株高 20 ～ 150 cm。茎直立，上部有圆锥状分枝，被密糙毛。茎下部叶对生，具短叶柄，二回羽状分裂，腹面深绿色，背面灰绿色；茎上部叶互生，无柄，羽状分裂。雄头状花序半球形或卵形，下垂，在枝端密集排成总状花序；每个头状花序有 10 ～ 15 朵不育的小花；小花的花冠淡黄色，花柱顶端膨大成画笔状。雌头状花序无花序梗，在雄头状花序下方或在上部叶腋单生，或 2 ～ 3 个密集排成团伞状花序；小花的花柱 2 深裂，伸出总苞的口部。瘦果倒卵形，藏于坚硬的总苞中。花期 8—9 月，果期 9—10 月。

重点识别特征：茎下部叶二回羽状深裂，茎上部叶羽状分裂；雄头状花序半球形或卵形，下垂。

生境及危害：路边、荒地、沟边、耕地。其花粉易引起人体过敏致产生哮喘、过敏性皮炎等病症；具化感作用，抑制本土植物生长；入侵耕地会导致农作物减产。

分布区域：桂西南（右江区南部、德保）、桂西黔南（隆林）、南岭（融水、兴安）。

传播途径：瘦果常随农作物或带土苗木等载体传播扩散。

防治措施：生物防治可施用豚草卷蛾（*Epiblema strenuana*）具有一定的效果；在开花前拔除，用适当的本土灌木等进行替代；化学防治可施用草甘膦、2，4-D 丁酯、麦草畏等除草剂。

53. 白花鬼针草

Bidens alba（L.）DC.

菊科 Asteraceae（Compositae） 鬼针草属 *Bidens*

形态特征：一年生草本。植株高 0.3 ～ 1.5 m。茎上部叶常为单叶；茎下部叶为羽状复叶，小叶 3 片。头状花序直径 2.2 ～ 4.2 cm，3 ～ 18 个排成复聚伞花序，生于茎和侧枝顶端；总苞片 2 层；边缘舌状小花 5 ～ 7 朵，舌片白色，长 1.0 ～ 1.6 cm，先端钝或有缺刻；中央管状小花 26 ～ 69 朵，花冠黄色。瘦果条形，长 0.4 ～ 1.3 cm；顶端具芒刺 2 枚，长 1 ～ 2 mm。花果期几乎全年。

重点识别特征：头状花序边缘具舌状花 5 ～ 7 朵；舌片白色，先端钝或有缺刻。

生境及危害：路旁、耕地、荒地、村旁、果园、茶园等。恶性杂草，入侵耕地、果园等会危害农作物，影响作物产量；常形成单优势种群落，与本土植物竞争养分，影响发生地的生物多样性。

分布区域：桂西南（德保、田阳、右江区南部、宁明、江州、扶绥、龙州、大新、防城、东兴、上思）、桂西黔南（西林、田林、右江区北部、隆林、凌云、乐业、天峨、南丹）、南岭（环江、罗城、融水、融安、三江、恭城、富川、永福、灵川、兴安、龙胜、灌阳、全州、八步）。

传播途径：带芒刺的瘦果随农作物、带土苗木及交通运输工具、行李等载体传播扩散。

防治措施：在其开花前拔除；化学防治可施用麦草畏等除草剂。

54. 婆婆针

Bidens bipinnata **L.**

菊科 Asteraceae（Compositae）　　　　鬼针草属 *Bidens*

形态特征：一年生草本。茎直立，高 30 ～ 120 cm，下部略具 4 条纵棱，无毛或上部被稀疏柔毛。叶对生；叶片二回羽状分裂。头状花序直径 6 ～ 10 mm；总苞杯状，外层总苞片 5 ～ 7 枚，条形，内层总苞片膜质，椭圆形；舌状花通常 1 ～ 3 朵，不育，舌片黄色；盘花筒状，花冠黄色，长约 4.5 mm，冠檐 5 齿裂。瘦果条形，略扁，外面具 3 ～ 4 棱，具瘤状突起及小刚毛，顶端芒具刺 3 ～ 4 枚，稀具 2 枚；芒刺上具倒刺毛。

重点识别特征：顶生叶裂片狭窄，先端渐尖，边缘具稀疏的不规整粗齿；瘦果顶端具芒刺 3 ～ 4 枚。

生境及危害：路边荒地。恶性杂草，侵入耕地、果园等，危害农作物，影响作物产量；常形成单优势种群落，与本土植物竞争养分，影响发生地的生物多样性。

分布区域：南岭（环江）。

传播途径：具芒刺的瘦果易随农作物、带土苗木及其他载体传播扩散。

防治措施：在其开花前拔除；化学防治用除草剂。

55. 大狼耙草

Bidens frondosa L.

菊科 Asteraceae（Compositae）　　　　鬼针草属 *Bidens*

形态特征：一年生草本。茎直立，分枝，高 20～120 cm，常带紫色。叶对生，为一回羽状复叶，具小叶 3～5 片。头状花序单生茎端和枝端；总苞钟状或半球形，外层苞片 5～10 枚，通常 8 枚，披针形或匙状倒披针形，叶状，边缘有缘毛，内层总苞片长圆形，长 5～9 mm，膜质，具淡黄色边缘；无舌状花或舌状花不发育，极不明显；筒状花两性，花冠冠檐 5 裂。瘦果扁平，狭楔形，顶端具芒刺 2 枚；芒刺上有倒刺毛。

重点识别特征：茎中部叶为羽状复叶；外层总苞片通常 8 枚，披针形或匙状倒披针形，叶状；瘦果顶端具芒刺 2 枚。

生境及危害：路旁、耕地、果园。发展较快的恶性杂草，发生量大，易形成单优势种群落，与本土植物竞争养分；常入侵水田和耕地，与农作物竞争水分，危害农作物。

分布区域：南岭（融安、融水、三江、恭城、富川、永福、灵川、兴安、临桂、龙胜、资源、八步）。

传播途径：瘦果具芒刺，易随农作物、带土苗木或黏附在其他载体上传播扩散。

防治措施：在其开花前拔除；对已结实的植株，要预防瘦果传播。

56. 鬼针草

Bidens pilosa L.

菊科 Asteraceae（Compositae）　　　　鬼针草属 *Bidens*

形态特征：一年生草本。植株高 30 ～ 100 cm。茎下部叶较小，3 裂或不分裂，通常在开花前枯萎；茎中部叶具长 1.5 ～ 5.0 cm 无翅的柄，通常为三出复叶，很少为具 5（～ 7）小叶的羽状复叶，顶生小叶较大；茎上部叶小，3 裂或不分裂。头状花序直径 8 ～ 9 mm；总苞片 7 ～ 8 枚，条状匙形；舌状花白色或无舌状花；盘花筒状，冠檐 5 齿裂。瘦果成熟时黑色，条形，略扁，外面具棱，上部具稀疏瘤状突起及刚毛，顶端具芒刺 3 ～ 4 枚；芒刺上具倒刺毛。

重点识别特征：外层总苞片条状匙形；叶常为三出复叶，两面无毛或被极稀疏的茸毛；舌状花白色或无舌状花；瘦果顶端具芒刺 3 ～ 4 枚。

生境及危害：路旁、耕地、荒地、村旁、果园、茶园等。常见杂草，影响作物产量；是棉蚜等害虫的中间寄主。

分布区域：桂西南（那坡、靖西、德保、田东、天等）、南岭（环江、罗城、融水、融安、三江、恭城、永福、灵川、兴安、临桂、龙胜、八步）。

传播途径：具芒刺的瘦果易随农作物、带土苗木及其他载体传播扩散。

防治措施：在其开花前铲除；化学防治用氟磺胺草醚等除草剂。

57. 三叶鬼针草

Bidens pilosa var. _radiata_（Sch. Bip.）**J. A. Schmidt**

菊科 Asteraceae（Compositae）　　　　　　鬼针草属 _Bidens_

形态特征：本种与原变种鬼针草（_B. pilosa_）的区别主要在于头状花序边缘具舌状花 5 ～ 7 朵；舌片椭圆状倒卵形，白色，长 0.5 ～ 1.0 cm，宽 3.5 ～ 5.0 mm，先端钝或有缺刻。本种与同属的白花鬼针草（_B. alba_）的区别主要在于舌状花的舌片相对较小且瘦果顶端常具 3 枚芒刺，而后者的舌状花的舌片较大且瘦果顶端芒刺为 2 枚。

重点识别特征：头状花序直径小于 3 cm，边缘具 5 ～ 7 朵舌状花，舌片白色；瘦果顶端具芒刺 2 枚。

生境及危害：路旁。常见杂草，危害本土植物。

分布区域：桂西南（江州）。

传播途径：具芒刺的瘦果易随农作物、带土苗木及其他载体传播扩散。

防治措施：在其开花前铲除；化学防治可施用草甘膦等除草剂。

58. 小蓬草

Erigeron canadensis L.

菊科 Asteraceae（Compositae）　　　　飞蓬属 *Erigeron*

形态特征：一年生草本。茎直立，高 50～100 cm 或更高，有纵条纹，被疏长硬毛。叶密集，茎基部叶花期常枯萎，茎下部叶倒披针形，茎中部和上部叶较小；叶片线状披针形或线形，两面或仅腹面被疏短毛，边缘常被上弯的硬缘毛。头状花序多数，小，直径 3～4 mm，排成顶生多分枝的大型圆锥花序；总苞片 2～3 层，淡绿色，线状披针形或线形；雌性舌状花多数，舌片白色，稍超出花盘，线形；两性管状花花冠淡黄色。瘦果线状披针形，稍扁压，贴生微毛；冠毛污白色，1 层，糙毛状。花果期 5—9 月。

重点识别特征：叶片边缘常被上弯的硬缘毛；头状花序小，直径 3～4 mm，雌性舌状花线形，白色。

生境及危害：路旁、耕地、荒地、农田、村旁、果园、茶园等。常见恶性杂草，易形成单优势种群落，对本土植物具有化感抑制作用，危害农作物或其他本土植物；是棉铃虫（*Helicoverpa armigera*）和棉蟠象（*Dimorphopterus spinolae*）的中间寄主。

分布区域：桂西南（那坡、靖西、德保、田东、田阳、右江区南部、天等）、桂西黔南（田林、右江区北部、西林、凌云、隆林、乐业、天峨、南丹）、南岭（环江、罗城、三江、恭城、富川、永福、灵川、兴安、临桂、灌阳、八步）。

传播途径：带冠毛的瘦果自然传播或随货物等载体传播扩散。

防治措施：在其开花前拔除；化学防治可施用绿麦隆、2,4-D 丁酯等除草剂。

59. 苏门白酒草

Erigeron sumatrensis **Retz.**

菊科 Asteraceae（Compositae）　　　　飞蓬属 *Erigeron*

形态特征：一年生或二年生草本。根纺锤状。茎粗壮，直立，高 80～150 cm，中部或中部以上有长分枝。叶密集，茎基部叶于花期凋落，茎下部叶倒披针形或披针形，边缘上部每边常有 4～8 个粗齿；茎中部和上部叶渐小，狭披针形或近线形，边缘具齿或全缘，两面特别背面密被糙短毛。头状花序在茎枝端排成大而长的圆锥花序；总苞片 3 层，灰绿色；雌性舌状花多层，舌片淡黄色或淡紫色，丝状，先端具 2 细裂；两性管状花 6～11 朵，花冠淡黄色，檐部狭漏斗形，上端具 5 齿裂。瘦果线状披针形；冠毛 1 层，初时白色，后变黄褐色。花果期 5—10 月。

重点识别特征：茎粗壮；头状花序直径 5～8 mm，多数，排成大而长的圆锥花序；舌状花丝状，淡黄色或淡紫色；瘦果冠毛黄褐色。

生境及危害：路旁、耕地、荒地、农田、村旁、果园、茶园、山坡等。常见杂草。对本土植物或农作物具有化感抑制作用，影响发生地的生物多样性。

分布区域：桂西南（那坡、靖西、德保、宁明、江州、扶绥、龙州、大新、天等、防城、东兴、上思）、南岭（兴安、灵川、临桂、灌阳、全州、资源）。

传播途径：带冠毛的瘦果自然传播或随货物等载体传播扩散。

防治措施：在其开花前拔除；化学防治可施用绿麦隆、2,4-D 丁酯等除草剂。

60. 一年蓬

Erigeron annuus（L.）**Pers.**

菊科 Asteraceae（Compositae）　　　　　飞蓬属 *Erigeron*

形态特征：二年生草本。茎粗壮，高 30～100 cm，上部有分枝，下部被开展的长硬毛，上部被较密的上弯的短硬毛。茎基部叶于花期枯萎，叶片先端尖或钝，基部狭成具翅的长柄，边缘具粗齿；茎下部叶与基部叶同形，但叶柄较短；全部叶边缘被短硬毛，两面被疏短硬毛，或有时近无毛。头状花序排成疏圆锥花序；总苞片 3 层，背面被密腺毛和疏长节毛；外围的雌性舌状花 2 层，舌片平展，白色，或有时淡蓝色，线形；中央的两性管状花花冠黄色。瘦果披针形，外面被疏茸毛；雌花的冠毛极短，膜片状连成小冠，两性花的冠毛 2 层。花果期 6—9 月。

重点识别特征：雌性舌状花 2 层，舌片平展，白色或淡蓝色，线形；冠毛异形，在雌花上的极短，膜片状连成小冠。

生境及危害：路旁、耕地、荒地、农田、村旁、果园、茶园等。常见杂草，发生量大，危害农作物，与本土植物竞争养分；是有害昆虫地老虎（*Agrotis ypsilon*）的寄主。

分布区域：桂西南（右江区南部）、桂西黔南（西林、田林、隆林、乐业、天峨、南丹）、南岭（环江、融水、恭城、永福、灵川、兴安、临桂、灌阳、全州、资源）。

传播途径：带冠毛的瘦果易随带土苗木或农作物等载体传播扩散。

防治措施：在其开花前拔除。

61. 野茼蒿

Crassocephalum crepidioides（**Benth.**）**S. Moore**

菊科 Asteraceae（Compositae）　　　　野茼蒿属 *Crassocephalum*

形态特征： 一年生草本。植株高 20 ～ 120 cm，茎有纵条棱。叶片膜质，椭圆形或长圆状椭圆形，边缘有不规则锯齿或重锯齿，或有时基部羽状裂，两面无毛或近无毛。头状花序数个在茎端排成伞房状；总苞片 1 层，线状披针形，先端有簇状毛；小花全部呈管状，两性，花冠红褐色或橙红色，檐部 5 齿裂，被乳头状毛。瘦果狭圆柱形，成熟时赤红色，外面有肋，被毛；冠毛极多数，白色，绢毛状，易脱落。花果期 7—12 月。

重点识别特征： 茎有纵条棱；花冠红褐色或橙红色；瘦果冠毛极多数，白色，绢毛状。

生境及危害： 路旁、耕地、荒地、农田、村旁、果园、茶园等。常见杂草，危害农作物。

分布区域： 桂西南（德保、田阳、右江区南部、宁明、江州、扶绥、龙州、大新、防城、东兴、上思）、南岭（环江、罗城、融水、融安、三江、恭城、富川、永福、灵川、兴安、灌阳、资源、八步）。

传播途径： 带冠毛的瘦果随农作物或带土苗木等载体传播扩散。

防治措施： 在其开花前拔除。

62. 假臭草

Praxelis clematidea R. M. King et H. Rob.

菊科 Asteraceae（Compositae）　　　　假臭草属 praxelis

形态特征：一年生草本。全株被长茸毛。茎直立，高 0.3 ～ 1.0 m，多分枝。叶对生；叶片卵圆形至菱形，先端急尖，基部圆楔形，边缘齿状；基出脉 3 条；叶柄长 0.3 ～ 2.0 cm。头状花序生于茎枝顶端，具小花 25 ～ 30 朵；总苞钟状；管状花的花冠蓝紫色，长 3.5 ～ 4.8 mm。瘦果长 2 ～ 3 mm，成熟时黑色；冠毛白色。花果期全年。

重点识别特征：叶片卵圆形至菱形，边缘齿状；头状花序的总苞钟状；筐状花的花冠蓝紫色。

生境及危害：路旁、耕地、荒地、疏林下。常见杂草，吸肥能力强，与本土植物或农作物竞争养分；具有化感作用，抑制本土植物或农作物生长；能分泌一种具有恶臭气味的有毒物质，影响家畜觅食及人类健康。

分布区域：桂西南（那坡、靖西、田东、田阳、德保、右江区南部、宁明、江州、天等、东兴、上思）、桂西黔南（右江区北部、田林、隆林、西林、凌云、乐业、天峨、南丹）、南岭（环江、恭城、永福、八步）。

传播途径：带冠毛的瘦果自然扩散或随交通运输工具、锄具及农作物等载体传播扩散。

防治措施：在其开花前铲除；化学防治用麦草畏、草甘膦等除草剂。

63. 鳢肠

Eclipta prostrata（L.）L.

菊科 Asteraceae（Compositae）　　　鳢肠属 *Eclipta*

形态特征： 一年生草本。茎直立，斜升或平卧，高达 60 cm，贴伏糙毛。叶对生，叶片长圆状披针形或披针形，两面密被硬糙毛。头状花序有长 2～4 cm 的细花序梗；总苞球状钟形；总苞片绿色，草质，按每层 5～6 枚排成 2 层，背面及边缘被白色短伏毛；外围的雌性舌状花 2 层；花冠管状，白色；花柱分支钝，有乳头状突起。瘦果成熟时暗褐色，长约 2.8 mm，雌花瘦果三棱柱形，两性花瘦果扁四棱柱形，顶端截形且具 1～3 个细齿，基部稍缩小，边缘具白色的肋，表面有小瘤状突起。花果期 6—9 月。

重点识别特征： 茎直立，斜升或平卧，贴伏糙毛；叶对生；舌状花近 2 层，舌片小；瘦果顶端截形且具 1～3 个细齿。

生境及危害： 路旁、耕地、荒地、草地、沟边。普通杂草，影响农作物或本土植物生长。

分布区域： 桂西南（宁明、龙州、江州）、南岭（环江、罗城、融水、融安、三江、永福）。

传播途径： 瘦果常随农作物或带土苗木等载体传播扩散。

防治措施： 在其开花结果前拔除。

64. 粗毛牛膝菊

Galinsoga quadriradiata Ruiz et Pav.

菊科 Asteraceae（Compositae）　　　　牛膝菊属 *Galinsoga*

形态特征：一年生草本。本种形态近似牛膝菊（*G. parviflora*），但本种的茎枝尤以花序以下的茎枝被开展而稠密的长茸毛；叶片边缘有粗锯齿；头状花序边缘的舌状花较大。花果期 7—12 月。

重点识别特征：植株的茎枝尤以花序以下被开展而稠密的长茸毛。

生境及危害：村旁、路旁、耕地等处。常见杂草，影响农作物或本土植物生长。

分布区域：桂西南（天等、防城）、南岭（兴安、龙胜、资源）。

传播途径：瘦果随带土苗木等载体或经交通运输等方式传播扩散。

防治措施：在其开花结果前清除。

65. 菊芋

***Helianthus tuberosus* L.**

菊科 Asteraceae（Compositae）　　　　　向日葵属 *Helianthus*

形态特征：多年生草本。植株高 1～3 m，有块状的地下茎及纤维状根。茎直立，被白色短糙毛或刚毛。叶通常对生，但茎上部叶互生；茎下部叶卵圆形或卵状椭圆形，边缘有粗锯齿，有离基三出脉，叶脉上有短硬毛，有长柄；茎上部叶长椭圆形至阔披针形，先端渐尖，短尾状，基部渐狭，下延成短翅状。头状花序较大，直径 2～5 cm，单生于枝端，有 1～2 枚线状披针形的苞叶；总苞片多层，披针形，边缘具开展的缘毛；舌状花通常 12～20 朵，舌片黄色，长椭圆形；管状花的花冠黄色。瘦果小，楔形，上端有 2～4 枚有毛的锥状扁芒。花果期 8—9 月。

重点识别特征：有块状地下茎；叶基部下延成短翅状；头状花序较大，直径 2～5 cm；管状花的花冠黄色。

生境及危害：路旁、荒地。威胁本土植物的生长。

分布区域：南岭（融水）。

传播途径：瘦果常随带土苗木等载体或经交通运输等方式传播扩散。

防治措施：在其开花前拔除，晒干。

66. 南美蟛蜞菊

Wedelia trilobata（**L.**）**Pruski.**

菊科 Asteraceae（Compositae）　　　　　蟛蜞菊属 *Wedelia*

形态特征：多年生草本。茎平卧，无毛或被短柔毛，节上生不定根。叶对生；叶片多汁液，常3裂，轮廓椭圆形至披针形，裂片三角形，先端急尖，基部楔形，边缘具疏齿，两面无毛或散生短茸毛，有时粗糙。头状花序腋生，具长梗；苞片披针形，具缘毛；舌状花4～8朵，能育，舌片黄色，先端具3～4枚小齿；管状花多数，花冠黄色。瘦果棍棒状，顶端具角，长约5 mm，成熟时黑色。花果期几乎全年，但以夏季至秋季为盛。

重点识别特征：茎平卧，节上生不定根；叶片多汁液，常3裂；舌状花4～8朵，舌片黄色，先端具3～4齿。

生境及危害：在平地和缓坡上匍匐生长，在陡坡上可悬垂生长，生于路旁、荒地、草地。大面积发生，排挤本土植物，影响发生地的生物多样性。

分布区域：桂西南（靖西、那坡、田东、江州、防城）。

传播途径：瘦果或茎段易随带土苗木等载体传播扩散。

防治措施：控制栽培区域；有限制地栽培后严格管理或禁止随意遗弃；在其开花前拔除，晒干；化学防治可施用除草剂，效果良好。

67. 肿柄菊

Tithonia diversifolia（Hemsl.）A. Gray

菊科 Asteraceae（Compositae）　　　　肿柄菊属 *Tithonia*

形态特征：一年生草本。茎直立，高 2 ～ 5 m，有粗壮的分枝，被稠密的短柔毛或通常下部脱毛。叶片 3 ～ 5 深裂或茎上部的叶有时不裂，长 7 ～ 20 cm，轮廓卵形、卵状三角形或近圆形，裂片卵形或披针形，边缘有细锯齿，背面被尖状短柔毛，沿脉的毛较密；基出脉 3 条，有长叶柄。头状花序大，宽 5 ～ 15 cm，顶生于假轴分枝的长花序梗上；总苞片 4 层，外层总苞片椭圆形或椭圆状披针形，内层总苞片长披针形，上部叶质或膜质；舌状花 1 层，舌片黄色，长卵形，先端有不明显的 3 齿；管状花的花冠黄色。瘦果长椭球形，被短柔毛。花果期 9—11 月。

重点识别特征：叶片 3 ～ 5 深裂，有长叶柄，基出脉 3 条；头状花序大；舌状花 1 层，舌片黄色，长卵形。

生境及危害：路旁、荒地、疏林、耕地等。发生量大，影响农业生产，吸水吸肥能力强，很容易使发生地的土壤贫瘠。

分布区域：桂西南（靖西、那坡、龙州、大新）。

传播途径：瘦果易随农作物或带土苗木等载体传播扩散。

防治措施：在其开花前拔除，晒干；限制人为栽种。

68. 钻叶紫菀

Symphyotrichum subulatum（Michx.）G. L. Nesom

菊科 Asteraceae（Compositae）　　　联毛紫菀属 *Symphyotrichum*

形态特征：一年生草本。茎高 25 ～ 100 cm，无毛。基生叶倒披针形，花后凋落；茎中部叶线状披针形，主脉明显，侧脉不显著；茎上部叶渐狭窄，全缘，两面无毛。头状花序多数，在茎顶端排成圆锥状；总苞钟状；总苞片 3 ～ 4 层，外层的较短，内层的较长，线状钻形，边缘膜质，无毛；舌状花细狭，舌片淡红色，长与冠毛相等或稍长；管状花多数，花冠短于冠毛。瘦果长圆柱形或椭球形，有 5 纵棱；冠毛淡褐色。

重点识别特征：茎中部叶线状披针形；舌状花细狭，舌片淡红色；瘦果冠毛淡褐色。

生境及危害：潮湿土壤，沼泽或含盐土壤，沟边、耕地、荒地、路边、湿地。常见恶性杂草，危害农作物；在湿地中易形成单优势种群落，影响发生地的生物多样性及景观。

分布区域：桂西南（靖西、德保、天等、隆安）、桂西黔南（乐业、天峨、南丹）、南岭（罗城、环江、融水、恭城、富川、永福、灵川、兴安、龙胜、灌阳、全州、资源、八步）。

传播途径：带冠毛的瘦果自然扩散或随农作物、带土苗木等载体传播扩散。

防治措施：在其开花前拔除；化学防治可施用草甘膦、麦草畏等除草剂。

69. 薇甘菊

Mikania micrantha **Kunth**

菊科 Asteraceae（Compositae）　　　假泽兰属 *Mikania*

形态特征： 多年生草质或木质藤本。茎细长，匍匐或攀缘，多分枝。茎中部叶三角状卵形至卵形，先端渐尖，基部心形，偶近戟形，边缘具数个粗齿或浅波状圆锯齿；基出脉3～7条；茎上部叶渐小。头状花序排成复伞房花序状，含小花4朵，全为可结实的两性管状花；总苞片4枚，狭长椭圆形，基部有1枚线状椭圆形的小苞片；花冠白色，管状，檐部钟状，5齿裂。瘦果成熟时黑色；冠毛由32～40枚刺毛组成，白色。花果期10月至翌年2月。

重点识别特征： 草质或木质藤本；茎中部叶三角状卵形；头状花序排成复伞房花序状；管状花的花冠白色；冠毛由32～40枚刺毛组成，白色。

生境及危害： 路旁、荒弃农田、沟边等。繁殖能力强，具攀缘性，攀上乔木和灌木后，能迅速形成覆盖层，使被覆盖的乔木或灌木枯萎死亡；能分泌化感物质，抑制一些本土植物生长；吸水吸肥能力强，与本土植物或经济作物竞争水分、养分等资源。

分布区域： 桂西南（防城、隆安）。

传播途径： 带冠毛的瘦果自然扩散或经交通运输、带土苗木等载体传播扩散。

防治措施： 在其开花前拔除。晒干后焚烧；生物防治用菟丝子（*Cuscuta chinensis*）寄生；化学防治可施用草甘膦等除草剂。

70. 金腰箭

Synedrella nodiflora（L.）Gaertn.

菊科 Asteraceae（Compositae）　　　　金腰箭属 *Synedrella*

形态特征：一年生草本。茎直立，高 0.5 ～ 1.0 m，二歧分枝，被贴伏粗毛或后期毛脱落。茎下部和上部叶阔卵形至卵状披针形，基部下延成 2 ～ 5 mm 宽的翅状宽柄，两面贴生基部为疣状的糙毛；近基出脉 3 条。头状花序无或有短的花序梗，常 2 ～ 6 个簇生于叶腋，或在顶端排成扁球状，稀单生；2 种小花的花冠均黄色；外层总苞片绿色，叶状，内层总苞片干膜质，鳞片状；舌状花的舌片椭圆形，先端 2 浅裂。雌花瘦果倒卵状长圆柱形，成熟时深黑色，边缘有增厚的污白色宽翅，翅缘各有 6 ～ 8 个长硬尖刺；冠毛 2 层，刚刺状；两性花的瘦果倒锥形或倒卵状圆柱形，成熟时黑色，外面有纵棱；冠毛 2 ～ 5 层，叉开，刚刺状。花果期 6—10 月。

重点识别特征：茎二歧分枝；头状花序无或有短的花序梗，常 2 ～ 6 个簇生于叶腋；外层总苞片绿色，叶状；舌状花的舌片先端 2 浅裂。

生境及危害：旷野、耕地、疏林下、果园、路旁及宅旁。恶性杂草，繁殖能力强，发生量大，与本土植物竞争养分，影响发生地的生物多样性；侵入耕地、果园等，影响农作物生长。

分布区域：桂西南（大新）、南岭（恭城、富川）。

传播途径：带冠毛的瘦果易随农作物或苗木等载体及经交通运输等方式传播扩散。

防治措施：在其开花前拔除。

71. 北美苍耳

***Xanthium chinense* Mill.**

菊科 Asteraceae（Compositae）　　　　苍耳属 *Xanthium*

形态特征：一年生草本。茎直立，高 30～150 cm，多分枝，基部木质化，表面具短线状的黑色斑并被粗糙短毛。叶片 3 浅裂，轮廓宽卵形或圆形，基部心形或肾状心形，边缘具不规则的齿或裂；基出脉 3 条，侧脉弧形，直达叶缘；具长叶柄。头状花序单性同株；总苞长圆筒形，顶端具 2 个喙，喙长 4～5 mm，总苞外面钩刺长 3～4 mm，总苞外面及刺上均微被短柔毛。花期 7—8 月，果期 9—10 月。

重点识别特征：茎基部表面具短线状的黑色斑并被粗糙短毛；叶片 3 浅裂，基部心形或肾状心形；总苞外面的钩刺长 3～4 mm。

生境及危害：路旁、荒地、山坡、耕地。恶性杂草，与本地植物竞争资源，影响发生地的生物多样性；在耕地中与农作物竞争养分，致农作物减产。

分布区域：桂西南（右江区南部、田阳）、桂西黔南（右江区北部、田林、西林、乐业、隆林）。

传播途径：藏于具刺总苞内的瘦果极易黏附在载体上传播扩散。

防治措施：在其开花结果前连根挖出。

72. 败酱叶菊芹

Erechtites valerianifolius（**Link ex Spreng.**）**DC.**

菊科 Asteraceae（Compositae）　　　　菊芹属 *Erechtites*

形态特征： 一年生草本。茎直立，高 50～100 cm，不分枝或上部多分枝；叶片长圆形至椭圆形，先端尖或渐尖，具长柄。头状花序多数，直立或下垂，在茎端和上部叶腋排成较密集的伞房状圆锥花序。瘦果圆柱形；冠毛多层，细，淡红色，约与小花的花冠等长。

重点识别特征： 茎上部多分枝；头状花序在茎端和上部叶腋排成较密集的伞房状圆锥花序；冠毛多层，淡红色。

生境及危害： 田边、路旁、耕地、荒地。普通杂草，影响农作物或本土植物生长。

分布区域： 桂西南（靖西、宁明、龙州、江州、防城、东兴、上思）。

传播途径： 带冠毛的瘦果易随农作物或带土苗木等载体传播扩散。

防治措施： 在其开花结果前拔除。

73. 加拿大一枝黄花

Solidago canadensis L.

菊科 Asteraceae（Compositae）　　　　　　一枝黄花属 *Solidago*

形态特征：多年生草本。植株有长根状茎。茎直立，高达 2.5 m。叶片披针形或线状披针形，长 5 ~ 12 cm。头状花序很小，直径 3 mm 以下，长 4 ~ 6 mm，在花序分枝上单面着生；多数弯曲的花序分枝与单面着生的头状花序排成开展的圆锥状花序；总苞片线状披针形，长 3 ~ 4 mm；边缘舌状花很短。

重点识别特征：茎高达 2.5 m；头状花序小，直径 3 mm 以下；花序枝单面着生且常弯曲。

生境及危害：荒地、路旁。该种具极强的入侵性，在多种生境极易形成单优势种群落，具有较强的化感能力，严重阻碍本土植物的生长，影响发生地的生物多样性。

分布区域：南岭（灵川）。

传播途径：瘦果或根状茎易随带土苗木等载体传播扩散。

防治措施：在其开花前连根状茎一并拔除并晒干烧毁；化学防治可在春季对其幼苗施用草甘膦水剂或施以 48%H–351 水剂与 13% 二甲四氯钠水剂对植株茎叶进行处理，防治效果可达 90% 以上，在秋季则可先剪去果穗，再用草甘膦等灭生性除草剂喷雾防治，并在第二年春天复查。

74. 北美车前

Plantago virginica L.

车前科 Plantaginaceae　　　　　　车前属 _Plantago_

形态特征：一年生或二年生草本。直根纤细，有细侧根。根状茎短缩。叶全基生排成莲座状，平展至直立状；叶片倒披针形至倒卵状披针形，边缘波状、疏生齿或近全缘，两面及叶柄均散生白色柔毛；弧形脉 3 ～ 5 条；叶柄基部鞘状。穗状花序 1 个至多数；花序梗直立或弓曲上升，长 4 ～ 20 cm，密被开展的白色柔毛；花序细圆柱状；花冠淡黄色。蒴果卵球形，成熟时在基部上方周裂；具种子 2 粒。种子卵形或长卵形，黄褐色至红褐色。花期 4—5 月，果期 5—6 月。

重点识别特征：叶片倒披针形至倒卵状披针形，具弧形脉 3 ～ 5 条；花序梗密被开展的白色柔毛。

生境及危害：路旁、荒地、草坪。普通杂草，影响本土植物生长。

分布区域：南岭（融水）。

传播途径：种子易随农作物或带土苗木等载体传播扩散。

防治措施：在其开花结果前拔除。

75. 曼陀罗

Datura stramonium L.

茄科 Solanaceae   曼陀罗属 _Datura_

形态特征： 半灌木状草本。植株高 0.5 ～ 1.5 m。茎粗壮，淡绿色或带紫色，下部木质化。叶片轮廓广卵形，基部不对称楔形，边缘有不规则波状浅裂；侧脉每边 3 ～ 5 条，直达裂片先端。花单生于枝杈间或叶腋，直立；花萼筒状，筒部外面有 5 条棱，花后自近基部断裂，宿存部分随果体而增大并向外反折；花冠漏斗状，长 6 ～ 10 cm，下部带绿色，上部白色或淡紫色；雄蕊不伸出花冠。蒴果直立生，卵状，外面生有坚硬针刺或有时无刺而近平滑，成熟时淡黄色，规则 4 瓣裂。种子卵球形，稍扁，黑色。花期 6—10 月，果期 7—11 月。

重点识别特征： 漏斗状花冠长 6 ～ 10 cm；蒴果直立生，外面多针刺或稀无刺。

生境及危害： 路边。普通杂草，影响本土植物生长；全株含生物碱，对人及家畜、鱼类、鸟类等具强烈的毒性，果及种子毒性较大。

分布区域： 南岭（龙胜）、桂西南（良庆）。

传播途径： 作为药用植物或观赏植物引种栽培后逸生；种子易随带土苗木等载体传播扩散。

防治措施： 在其结果前拔除。

76. 苦蘵

Physalis angulata L.

茄科 Solanaceae   酸浆属 *Physalis*

形态特征：一年生草本。植株高 30 ~ 50 cm。全株被疏短柔毛或近无毛。茎多分枝，分枝纤细。叶片卵形至卵状椭圆形，边缘全缘或有大小不等的齿，两面近无毛。花单生；花梗长 5 ~ 12 mm，纤细，和花萼外面被同样的短柔毛；花萼钟状，5 中裂，萼裂片披针形，具缘毛；花冠淡黄色，长 4 ~ 6 mm，直径 6 ~ 8 mm，花冠喉常有紫色斑纹；花药蓝紫色，有时为黄色，长约 1.5 mm。果萼卵球囊状，直径 1.5 ~ 2.5 cm，薄纸质；浆果直径约 1.2 cm。花果期 5—12 月。

重点识别特征：萼裂片披针形，具缘毛；花冠喉常有紫色斑纹；花药蓝紫色。

生境及危害：路旁。普通杂草，影响本土植物生长。

分布区域：桂西南（大新、良庆）。

传播途径：种子易随农作物等载体传播扩散。

防治措施：在其开花结果前拔除。

77. 喀西茄

Solanum aculeatissimum Jacquem.

茄科 Solanaceae　　　　　　　　　茄属 *Solanum*

形态特征： 多年生草本至半灌木。植株高 1 ～ 2 m，最高达 3 m；茎、枝、叶及花梗多混生黄白色具节的长硬毛、短硬毛、腺毛及淡黄色基部宽扁的直刺。叶片轮廓 5 ～ 7 深裂，阔卵形，基部戟形，侧脉数与裂片数相等，侧脉在腹面平坦，在背面略凸出，其上分散着生基部宽扁的直刺。蝎尾状花序腋外生，单生或具花 2 ～ 4 朵；花冠筒淡黄色，花冠檐部白色且 5 裂，裂片开放时先端反折。浆果球形，直径 2.0 ～ 2.5 cm，初时绿白色，具绿色花纹，成熟时淡黄色。种子淡黄色，近倒卵形，扁平。花期春夏，果期冬季。

重点识别特征： 茎、枝、叶及花梗均被毛和具刺；花冠檐部白色且 5 裂，裂片开放时先端反折；浆果初时绿白色，具绿色花纹，成熟时淡黄色。

生境及危害： 沟边、路边灌木丛、荒地、草坡。恶性杂草，具刺，易刺伤人；全株含有毒生物碱，其中未成熟果实的含量最高，毒性较大，人或家畜误食可引起中毒。

分布区域： 桂西南（靖西、那坡、德保、右江区南部、田阳、天等、防城、东兴）、桂西黔南（右江区北部、田林、西林、凌云、隆林、乐业、天峨、南丹）、南岭（环江、融安、融水、三江、永福、灵川、兴安、临桂、八步）。

传播途径： 种子易随农作物或带土苗木等载体传播扩散。

防治措施： 在其苗期铲除。

78. 少花龙葵

Solanum americanum Mill.

茄科 Solanaceae　　　　　　茄属 *Solanum*

形态特征：一年生草本。茎纤弱，高约 1 m，无毛或近无毛。叶片薄，卵形至卵状长圆形，基部楔形下延至叶柄成翅状。花序近伞形，腋外生，具 1～6 朵花，花小，直径约 7 mm；花萼绿色，5 裂达中部，萼裂片具缘毛；花冠白色，筒部隐于花萼内，冠檐 5 裂；花丝极短，花药黄色，长圆柱形；花柱纤细，柱头小，头状。浆果球形，直径约 5 mm，幼时绿色，成熟时黑色。种子近卵形，两侧压扁。花果期几乎全年。

重点识别特征：纤弱草本；花序近伞形，具 1～6 朵花；浆果球形，幼时绿色，成熟时黑色。

生境及危害：溪边、密林阴湿处、荒地、耕地、路旁。普通杂草，影响本土植物生长。

分布区域：桂西南（防城、东兴、上思、宁明、江州、龙州、大新、靖西）、南岭（八步、环江、恭城、永福、融安、兴安、灌阳）。

传播途径：种子易随农作物等载体传播扩散。

防治措施：在其开花结果前拔除。

79. 牛茄子

Solanum capsicoides All.

茄科 Solanaceae　　　　　　　　　　茄属 *Solanum*

形态特征： 多年生草本至半灌木。植株高 30 ～ 60 cm，部分高达 1 m。茎及小枝具淡黄色细直刺，细直刺长 1 ～ 5 mm 或更长。叶片轮廓 5 ～ 7 浅裂或半裂，阔卵形，基部心形；腹面深绿色，背面淡绿色；侧脉数与裂片数相等，脉上均具直刺；叶柄微具纤毛及较长大的直刺。聚伞花序腋外生，具单花或多至 4 朵；花梗纤细，具直刺及被纤毛；花萼杯状，外面具细直刺及被纤毛，顶部 5 裂；花冠白色，冠檐 5 裂，裂片披针形；柱头头状，花柱长于花药而短于花冠裂片。浆果扁球形，初时绿白色，成熟时橙红色；果梗具细直刺。种子干后扁而薄，边缘翅状。

重点识别特征： 茎及小枝具淡黄色细直刺；叶脉上均具直刺；浆果扁球形，初时绿白色，成熟时橙红色。

生境及危害： 路旁荒地、疏林或灌木丛。具刺杂草，易刺伤人；全株含有毒生物碱龙葵碱（solanine），其中未成熟果实的含量最高，毒性较大，人或家畜误食会中毒。

分布区域： 南岭（环江、恭城、富川、八步）。

传播途径： 种子易随农作物或带土苗木等载体传播扩散。

防治措施： 在其苗期铲除。

80. 假烟叶树

***Solanum erianthum* D. Don**

茄科 Solanaceae　　　　　　　　茄属 *Solanum*

形态特征: 小乔木。植株高 1.5 ～ 10.0 m。小枝密被白色具柄的头状簇茸毛。叶片大而厚，边缘全缘或略呈波状，卵状长圆形，腹面绿色，被具短柄的 3 ～ 6 个不等长分支的簇茸毛，背面灰绿色，毛被较腹面的厚，被具柄的 10 ～ 20 个不等长分支簇茸毛；叶柄密被与叶片背面相似的毛被。聚伞花序具多朵花，排成近顶生的圆锥状平顶花序；花序梗及花梗均密被与叶片背面相似的毛被；花萼钟状，外面密被与花梗相似的毛被，内面被疏柔毛及少数簇茸毛，上部 5 半裂；花冠白色，冠檐 5 深裂，外面被星状簇茸毛；雄蕊 5 枚；花柱光滑，柱头头状。浆果球形，成熟时黄褐色，初被星状簇茸毛，后期毛渐脱落；具宿存萼。花果期几乎全年。

重点识别特征: 小枝密被白色具柄头状簇茸毛；近顶生圆锥状平顶花序；浆果球形，成熟时黄褐色，初被星状簇茸毛，具宿存萼。

生境及危害: 荒地、路旁、村旁、山坡灌木丛中。全株有毒，其中果实毒性较大，人或家畜误食会中毒。

分布区域: 桂西南（靖西、江州、宁明、龙州、大新、上思）、南岭（环江、罗城）。

传播途径: 种子易随交通工具、苗木或经鸟类等载体传播扩散。

防治措施: 禁止引种栽培；在其结果前砍倒、拔除。

81. 水茄

Solanum torvum **Sw.**

茄科 Solanaceae   茄属 *Solanum*

形态特征：灌木。植株高 1 ～ 3 m。小枝、叶片背面、叶柄及花序梗均被尘土色星状毛。小枝疏具基部宽扁的皮刺；皮刺淡黄色，尖端略弯曲。叶单生或双生；叶片轮廓卵形至椭圆形，基部心形或楔形，两侧不对称，边缘半裂或波状，裂片通常 5 ～ 7 片，腹面绿色，背面灰绿色，密被分支多而具柄的星状毛；中脉在背面少刺或无刺，侧脉每边 3 ～ 5 条，有刺或无刺；叶柄具 1 ～ 2 枚皮刺或无。伞房花序腋外生，二歧至三歧，花序梗具 1 根细直刺或无刺；花冠白色，辐状，外面被星状毛；柱头截形。浆果圆球形，成熟时黄色，光滑无毛，果梗上部膨大。全年均开花结果。

重点识别特征：小枝、叶片背面、叶柄及花序梗均被尘土色星状毛；小枝具皮刺，皮刺尖端略弯曲；花序梗具 1 根细直刺或无刺；浆果黄色，光滑无毛，果梗上部膨大。

生境及危害：北热带地区的路旁、荒地、灌木丛、疏林、沟谷及村庄附近等潮湿处。具刺杂草，刺易伤人；发展迅速，易形成单优势种群落，与本土植物竞争养分，影响发生地的生物多样性。

分布区域：桂西南（靖西、那坡、德保、田阳、右江区南部、天等、宁明、上思）、桂西黔南（右江区北部、田林、西林、乐业、天峨）、南岭（环江、罗城、南丹、融水、融安、三江、永福、灵川、龙胜）。

传播途径：种子易随农作物、带土苗木等载体或经食果动物等方式传播扩散。

防治措施：在其结果前砍倒、拔除。

82. 牵牛

Ipomoea nil（L.）Roth

旋花科 Convolvulaceae　　　　　　　　　　番薯属 *Ipomoea*

形态特征：一年生草本。茎缠绕，其上被倒向的短茸毛杂有倒向或开展的长硬毛。叶片宽卵形或近圆形，深或浅的 3 裂，偶 5 裂，基部圆，心形。花腋生，单一或通常 2 朵着生于花序梗顶；花序梗长短不一，通常短于叶柄，有时较长；苞片线形或叶状，被开展的微硬毛；小苞片线形；花冠漏斗状，长 5～10 cm，蓝紫色或紫红色，花冠筒色淡；雄蕊及花柱均内藏；雄蕊不等长，花丝基部被柔毛；柱头头状。蒴果近球形，直径 0.8～1.3 cm，成熟时 3 瓣裂。种子卵状三菱形，长约 6 mm，黑褐色或米黄色，表面被褐色短茸毛。

重点识别特征：叶片通常 3 裂，基部圆；苞片线形或叶状；漏斗状花冠蓝紫色或紫红色，花冠筒色淡。

生境及危害：路边、田边、平原、山谷、围篱旁、草坪、荒地。常见杂草，危害草坪、绿化灌木或农作物。

分布区域：桂西黔南（乐业、天峨）、南岭（环江、融水、兴安、八步）。

传播途径：种子易随农作物或带土苗木等载体传播扩散。

防治措施：在其幼苗期铲除；化学防治可施用二甲四氯和 2,4-D 丁酯等除草剂。

83. 三裂叶薯

Ipomoea triloba L.

旋花科 Convolvulaceae　　　　　　　　番薯属 *Ipomoea*

形态特征：一年生草本。茎缠绕或有时平卧。叶片宽卵形至圆形，边缘全缘或有粗齿通常 3 裂，基部心形，两面无毛或散生疏茸毛。花序腋生，花序梗较叶柄粗壮，1 朵花或数朵花排成伞形状聚伞花序；花梗多少具纵棱，表面有小瘤突；苞片小，披针状长圆形；萼片近相等或稍不等，外萼片稍短或近等长，长圆形，外面散生疏茸毛，边缘明显有缘毛，内萼片有时稍宽，椭圆状长圆形，无毛或散生毛；花冠长约 1.5 cm，漏斗状，淡红色或淡紫红色，冠檐裂片短而钝，有小短尖头。蒴果近球形，顶部具花柱基形成的细尖，外面被细刚毛，成熟时 4 瓣裂。

重点识别特征：茎缠绕或有时平卧；叶片通常 3 裂；花冠长约 1.5 cm，淡红色或淡紫红色。

生境及危害：路旁、荒地、山坡、苗圃。区域发生量大，缠绕在其他植物上，引起其他植物生长不良或变形，影响景观生态；与当地植物竞争，影响本土植物生长。

分布区域：南岭（环江、罗城、融水、融安、恭城、永福、灵川、兴安）。

传播途径：种子易随农作物或带土苗木等载体传播扩散。

防治措施：在其结果前拔除。

84. 五爪金龙

Ipomoea cairica（L.）Sweet

旋花科 Convolvulaceae　　　　　　　　番薯属 *Ipomoea*

形态特征： 多年生草本。全株无毛，老时根上具块根。茎缠绕。叶片掌状 5 深裂或全裂，裂片卵状披针形、卵形或椭圆形；叶柄基部具小的掌状 5 裂的假托叶（腋生短枝的叶片）。聚伞花序腋生，具 1～3 朵花，或偶有 3 朵以上；萼片稍不等长，外方 2 枚较短，卵形，内萼片稍宽，先端钝圆或具不明显的小短尖头；花冠紫红色、紫色或淡红色，偶有白色，漏斗状；雄蕊不等长；花柱纤细，长于雄蕊，柱头 2 球形。蒴果近球形，成熟时 4 瓣裂。种子黑色，表面被褐色茸毛。

重点识别特征： 叶片掌状 5 深裂或全裂；叶柄基部有小的 5 裂的假托叶；种子表面被褐色茸毛。

生境及危害： 公路旁、苗圃旁、耕地、荒废的耕地、垃圾场等。发展迅速，易形成单优势种群落，排挤本地植物。

分布区域： 桂西南（靖西、防城、隆安、良庆）、桂西黔南（田林）。

传播途径： 种子易随农作物或带土苗木等载体传播扩散。

防治措施： 用刀割断其藤茎，拔除根部，使其暴晒至干，再扯掉残株，防止新的植株蔓延。

85. 圆叶牵牛

Ipomoea purpurea（**L.**）**Roth**

旋花科 Convolvulaceae   番薯属 *Ipomoea*

形态特征：一年生草本。茎缠绕，其上被倒向的短茸毛杂有倒向或开展的长硬毛。叶片圆心形或宽卵状心形，边缘通常全缘，偶有 3 裂，两面疏或密被倒伏的刚毛。花腋生，单生或 2～5 朵着生于花序梗顶端排成伞形聚伞花序；苞片线形，被开展的长硬毛；花梗被倒向短茸毛及长硬毛；萼片近等长，外面被开展的硬毛且基部的毛更密；花冠漏斗状，紫红色、红色或白色，花冠筒通常白色；雄蕊不等长，花丝基部具茸毛；柱头头状。蒴果近球形，成熟时 3 瓣裂。种子卵状三棱形，黑褐色或米黄色，表面被极短的糠秕状毛。

重点识别特征：叶片圆心形或宽卵状心形，边缘通常全缘；苞片线形，被开展的长硬毛；花冠漏斗状，紫红色、红色或白色。

生境及危害：路旁、树旁，栽培或逸为野生。常见杂草，危害草坪及灌木。

分布区域：桂西南（德保）、桂西黔南（西林）。

传播途径：种子易随农作物或带土苗木等载体传播扩散。

防治措施：在其苗期铲除；化学防治用二甲四氯和 2,4-D 丁酯等除草剂。

86. 茑萝

Ipomoea quamoclit L.

旋花科 Convolvulaceae　　　　　　番薯属 *Ipomoea*

形态特征：一年生草本。全株无毛。茎缠绕，长达 4 m。叶片长 4 ～ 7 cm；叶片羽状深裂至中脉，具 10 ～ 18 对线形细裂片；叶柄长 0.8 ～ 4.0 cm，基部具 1 对小型羽裂状假托叶。聚伞花序的梗长 1.5 ～ 10.0 cm；花梗长 0.9 ～ 2.0 cm；萼片绿色，椭圆形，先端钝但具小凸尖，无毛；花冠高脚碟状，深红色；雄蕊及柱头均伸出花冠。蒴果卵形，长 7 ～ 8 mm，具种子 4 粒。种子卵状长圆形，长 5 ～ 6 mm，黑褐色。

重点识别特征：花冠高脚碟状，深红色。

生境及危害：路旁、荒地。排挤本土植物，影响发生地的生物多样性。

分布区域：桂西黔南（田林）。

传播途径：种子易随农作物或带土苗木等载体传播扩散。

防治措施：在其结果前拔除；禁止栽培后随意丢弃。

87. 蚊母草

Veronica peregrina L.

玄参科 Scrophulariaceae　　　　　　　　婆婆纳属 *Veronica*

形态特征：一年生草本。植株高 10～25 cm。全株无毛或疏生柔毛，主茎直立，通常自基部多分枝，侧枝披散；茎下部叶倒披针形，茎上部叶长矩圆形，长 1～2 cm，宽 2～6 mm，边缘全缘或中上端具三角状锯齿；全部叶无柄。总状花序长达 20 cm；苞片与叶同形而略小；花梗极短；萼裂片长矩圆形至宽条形，长 3～4 mm；花冠白色或浅蓝色，花冠裂片长矩圆形至卵形；雄蕊短于花冠。蒴果倒心形，明显侧扁，边缘生短腺毛；宿存花柱不超出果体顶部凹口。种子椭球形。花果期 5—6 月。

重点识别特征：主茎直立，侧枝披散；叶无柄；总状花序长达 20 cm；花冠白色或浅蓝色。

生境及危害：田边、路旁的潮湿草地。普通杂草，影响本土植物生长。

分布区域：南岭（三江）。

传播途径：种子易随农作物或带土苗木等载体传播扩散。

防治措施：在其开花结果前拔除。

88. 阿拉伯婆婆纳

Veronica persica **Poir.**

玄参科 Scrophulariaceae　　　　　　　　　婆婆纳属 *Veronica*

形态特征： 一年生草本。植株高 10 ～ 50 cm。茎铺散多分枝，密生两列多细胞柔毛。叶对生；叶片卵形或圆形，先端平截或浑圆，基部浅心形，边缘具钝齿，两面疏生柔毛。总状花序很长；苞片互生，与叶同形且几乎等大；花梗明显长于苞片；萼裂片卵状披针形，边缘有睫毛，脉 3 条；花冠蓝色、紫色或蓝紫色，喉部疏被毛；雄蕊短于花冠。蒴果肾形，表面网脉明显，顶部凹口角度大于 90°。种子背面具深的横纹，长约 1.6 mm。花果期 3—5 月。

重点识别特征： 茎铺散多分枝草本；花梗明显长于苞片；蒴果肾形，表面网脉明显，顶部凹口角度大于 90°。

生境及危害： 路旁、耕地、田埂。影响农作物生长；是黄瓜花叶病毒、李痘病毒等多种微生物及蚜虫类等有害昆虫的寄主；分布在菠菜（*Spinacia oleracea*）、甜菜（*Beta vulgaris*）、大麦（*Hordeum vulgare*）等作物根部的病原菌同时也寄生在该种植株上。

分布区域： 桂西黔南（隆林）。

传播途径： 种子易随农作物或带土苗木等载体传播扩散。

防治措施： 由于该种常于大田作物的下层发生，通过作物的适度密植，可在一定程度上控制这一草害；或将旱旱轮作改为水旱轮作，可有效地控制这种杂草的发生；化学防治上，施用绿麦隆、杀草丹等除草剂能够有效地杀灭该种；生物防治上，刺盘孢属（*Colletotrichium*）的某些真菌可使该种感染炭疽病。

89. 野甘草

Scoparia dulcis L.

玄参科 Scrophulariaceae　　　　　　　　野甘草属 *Scoparia*

形态特征：半灌木状草本。茎直立，多分枝，枝有纵棱条及狭翅。叶对生或轮生；叶片菱状卵形至菱状披针形。花单朵或数朵对生于叶腋；萼裂片 4 枚，卵状矩圆形，长约 2 mm，先端有钝头，边缘具睫毛；花冠小，白色，有极短的筒部，喉部生有密毛，花冠裂片 4 枚；雄蕊 4 枚，近等长。蒴果卵球形至球形，直径 2～3 mm，成熟时室间和室背均开裂，中轴胎座宿存。

重点识别特征：茎多分枝，枝有纵棱；花冠白色，筒部极短，喉部生有密毛。

生境及危害：路旁。

分布区域：桂西南（龙州、防城）。

传播途径：种子易随农作物或带土苗木等载体传播扩散。

防治措施：在其结果前拔除。

90. 马缨丹

Lantana camara L.

马鞭草科 Verbenaceae   马缨丹属 *Lantana*

形态特征：灌木。植株高 1 ～ 2 m。茎直立或蔓性，有时藤状，长达 4 m；茎、枝均呈四棱柱形，被短柔毛，通常有短倒钩状刺。单叶对生，被揉搓后有强烈气味；叶片卵形至卵状长圆形，长 3.0 ～ 8.5 cm，宽 1.5 ～ 5.0 cm，先端急尖或渐尖，基部心形或楔形，边缘有钝齿，腹面有粗糙的皱纹和短柔毛，背面有小刚毛。花序梗粗壮，长于叶柄；苞片披针形，外部有粗毛；花萼管状，膜质，顶端有极短的齿；花冠黄色或橙黄色，开花后不久转为深红色。核果圆球形，成熟时紫黑色。全年开花结果。

重点识别特征：茎、枝均呈四棱柱形，有短倒钩状刺；叶被揉搓后有强烈气味；花冠黄色或橙黄色，开花后不久转为深红色；核果圆球形，成熟时紫黑色。

生境及危害：路旁、旷地、林缘等。具强烈的化感作用，抑制本土植物生长，破坏发生地的森林资源和生态环境，严重降低发生地的生物多样性；全株有毒，人或家畜误食会中毒。

分布区域：桂西南（德保、田东、田阳、天等）、桂西黔南（凌云）。

传播途径：种子易随带土苗木等载体传播扩散。

防治措施：严格管理种植，禁止种植后随意丢弃；在其结果前整株挖除；化学防治常用草坪宁等除草剂。

91. 吊竹梅

Tradescantia zebrina Bosse

鸭跖草科 Commelinaceae　　　　　紫露草属 *Tradescantia*

形态特征：多年生草本。茎匍匐，蔓生，长 30 ～ 50 cm，表面具淡紫色斑纹，节部常生不定根。叶片卵形、椭圆状卵形至长圆形，基部鞘状，腹面有紫色或绿色而杂以银白色条纹，背面紫红色；无柄，叶鞘外面被疏长毛。花少数簇生于一大一小的叶状苞片内；萼筒和花冠筒均白色，花冠裂片玫红色；发育雄蕊 6 枚；花柱丝状，柱头 3 圆裂。蒴果球形。花期 6—11 月。

重点识别特征：茎匍匐，蔓生；叶片腹面有紫色或绿色而杂以银白色条纹；花冠裂片玫红色。

生境及危害：路旁阴湿处、林缘。影响本土植物生长。

分布区域：桂西南（靖西、龙州、大新）。

传播途径：作为观赏植物引种栽培后逸生，植株或茎段易随带土苗木等载体传播扩散。

防治措施：控制种植，禁止随意丢弃其植株或茎段。

92. 紫竹梅

Tradescantia pallida（Rose）**D. R. Hunt**

鸭跖草科 Commelinaceae　　　　　　　紫露草属 *Tradescantia*

形态特征：多年生草本。植株高 30 ～ 50 cm。茎匍匐或下垂；叶长椭圆形，先端渐尖，基部抱茎，边缘常向中肋方向内卷，两面紫色，被白色短茸毛。聚伞花序顶生或腋生，近无梗；花两性；花瓣 3 枚，桃红色；雄蕊 6 枚，全发育，花丝具念珠状毛；子房上位。蒴果。花期夏季，果期秋季。

重点识别特征：叶基部抱茎，两面紫色；花瓣 3 枚，桃红色。

生境及危害：路旁潮湿处、林缘。与本土植物竞争养分，影响发生地的生物多样性。

分布区域：桂西南（靖西）、南岭（融安）。

传播途径：作为观赏植物引种栽培后逸生，植株或茎段易随带土苗木等载体传播扩散。

防治措施：控制种植，禁止随意丢弃其植株或茎段。

93. 凤眼莲

***Eichhornia crassipes*（Mart.）Solms**

雨久花科 Pontederiaceae   凤眼蓝属 *Eichhornia*

形态特征：多年生草本。植株在水面漂浮生活，高 30 ～ 60 cm。不定根发达，棕黑色，长达 30 cm。茎极短，具长匍匐枝；匍匐枝淡绿色或带紫色，与母株分离后长成新植物。叶在茎基部丛生，莲座状排列，一般 5 ～ 10 片；叶片圆形、宽卵形或宽菱形，腹面深绿色，有光泽；具弧形脉。穗状花序通常具 9 ～ 12 朵花；花被略两侧对称，花被裂片 6 枚，花瓣状，紫蓝色，上方 1 枚裂片较大，四周淡紫红色，中部蓝色，在蓝色的中央有 1 个黄色圆斑；雄蕊 6 枚，3 长 3 短；花丝上有腺毛。蒴果卵形。花期 7—10 月，果期 8—11 月。

重点识别特征：浮水草本；叶莲座状排列，叶片腹面深绿色，有光泽；花被上方 1 枚裂片较大，四周淡紫红色，中部蓝色，在蓝色的中央有 1 个黄色圆斑。

生境及危害：水塘、沟渠及稻田中。发展迅速，堵塞河道，影响航运、排灌及水产品养殖；破坏发生水域生态系统，威胁发生地的生物多样性；覆盖水面，影响生活用水；滋生蚊蝇。

分布区域：桂西南（靖西、良庆）、桂西黔南（乐业）。

传播途径：随水流漂浮扩散。

防治措施：人工打捞植株，晒干；生物防治可采用专食性天敌昆虫水葫芦象甲（*Neochetine bruchi*）；化学防治可施用 2,4–D 钠盐、草甘膦等除草剂，但易污染水体。

94. 大薸

Pistia stratiotes L.

天南星科 Araceae　　　　　　　　　大薸属 *Pistia*

形态特征：多年生草本。植株在水面漂浮生活，有长而悬垂的不定根多数，不定根羽状，密集。叶簇生成莲座状；叶片外形常因发育阶段而异：倒三角形、倒卵形、扇形以至倒卵状长楔形，长 1.3 ～ 10.0 cm，宽 1.5 ～ 6.0 cm，先端平截或浑圆，基部厚，两面被毛且基部的毛被尤为浓密；叶脉扇状伸展，在叶片背面明显隆起成折皱状。佛焰苞白色，长 0.5 ～ 1.2 cm，外面被茸毛。花期 5—11 月。

重点识别特征：叶簇生成莲座状；叶片两面被毛且基部的毛尤为浓密；叶脉扇状伸展；佛焰苞白色，外面被茸毛。

生境及危害：水塘、水田、沟渠等水体中。植株分生快速，分株量大，大量生长导致堵塞航道，使沉水植物死亡，危害发生水域的生态系统。

分布区域：桂西南（靖西、龙州）、南岭（融水）。

传播途径：植株或种子易随水流、淤泥、渔具、船只等载体传播扩散。

防治措施：人工打捞植株，晒干；暂时排水使之脱离水源后无法正常生长。

95. 两耳草

Paspalum conjugatum **P. J. Bergius**

禾本科 Poaceae（Gramineae） 雀稗属 *Paspalum*

形态特征：多年生草本。植株具长达 1 m 的匍匐茎。茎直立，高 30～60 cm。叶片披针状线形，质薄，两面无毛或边缘具疣柔毛；叶鞘具脊，无毛或上部边缘及鞘口具柔毛；叶舌极短，与叶片交接处具长约 1 mm 的一圈纤毛。总状花序长 6～12 cm，2 枚，纤细，开展；穗轴边缘有锯齿，细软；小穗长 1.5～1.8 mm，卵形，顶端稍尖，覆瓦状排列成两行；第二颖与第一外稃质地较薄，无脉，第二颖边缘具长丝状柔毛，毛长与小穗近等；第二外稃变硬，背面略隆起，卵形，包卷同质的内稃。颖果长约 1.2 mm。花果期 5—9 月。

重点识别特征：总状花序长 6～12 cm，2 枚；穗轴细软；小穗长 1.5～1.8 mm，卵形。

生境及危害：田野、林缘、潮湿草地上。区域性成片发生时，大量消耗土壤中的养分，侵入农田和果园时，影响作物生长。

分布区域：桂西南（龙州、良庆、江南）、南岭（环江、罗城）。

传播途径：颖果或具节茎段易随带土苗木或农作物等载体传播扩散。

防治措施：在其抽穗前铲除；化学防治可施用草甘膦及芳氧苯氧丙酸类等除草剂。

96. 双穗雀稗

Paspalum distichum L.

禾本科 Poaceae（Gramineae）　　　　　雀稗属 *Paspalum*

形态特征： 多年生草本。匍匐茎横走、粗壮，长达 1 m，向上直立部分高 20 ～ 40 cm，节部生柔毛。叶鞘短于节间，背部具脊，边缘或上部被柔毛；叶舌长 2 ～ 3 mm，无毛；叶片披针形，长 5 ～ 15 cm，宽 3 ～ 7 mm，无毛。总状花序 2 枚对连，长 2 ～ 6 cm；穗轴硬直，宽 1.5 ～ 2.0 mm；小穗倒卵状长圆柱形，长约 3 mm，顶端尖，疏生微柔毛；第一颖退化或微小；第二颖贴生柔毛，具明显的中脉；第一外稃具 3 ～ 5 条脉，通常无毛，顶端尖；第二外稃草质，等长于小穗，黄绿色，先端尖，外面被毛。花果期 5—9 月。

重点识别特征： 小穗倒卵状长圆柱形，长约 3 mm；总状花序 2 枚对连，长 2 ～ 6 mm；穗轴硬直。

生境及危害： 路旁、田边。除影响本土植物生长外，还是草坪、农田的主要杂草。

分布区域： 南岭（环江、罗城）。

传播途径： 颖果或匍匐茎易随农作物或带土苗木等载体传播扩散。

防治措施： 在其抽穗结果前拔除。

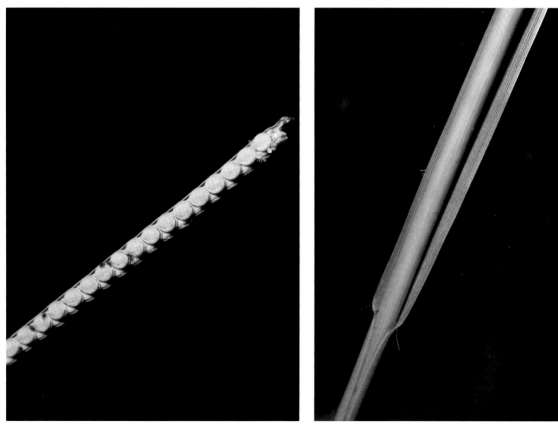

97. 铺地黍

Panicum repens L.

禾本科 Poaceae（Gramineae）　　　　　黍属 *Panicum*

形态特征：多年生草本。根状茎粗壮发达。茎直立，高 50 ～ 100 cm。叶片质硬，线形，干时常内卷，呈锥形；叶鞘光滑，边缘被纤毛；叶舌极短，膜质，先端具长纤毛。圆锥花序开展，长 5 ～ 20 cm，分枝斜上，具棱槽；小穗长圆形，长约 3 mm；第一颖薄膜质，长约为小穗的 1/4，基部包卷小穗，顶端截平或圆钝，脉常不明显；第二颖与小穗近等长，顶端喙尖，具 7 条脉，第一小花雄性，其外稃与第二颖等长；雄蕊 3 枚，花丝极短，花药长约 1.6 mm，暗褐色；第二小花结实，长圆形，长约 2 mm，平滑、光亮；鳞被无清晰的脉纹。花果期 6—11 月。

重点识别特征：具根状茎；第一颖长约为小穗的 1/4；第二小花平滑、光亮。

生境及危害：溪边。本种繁殖力特强，与本土植物竞争养分，影响发生地的生物多样性。

分布区域：桂西南（隆安）。

传播途径：种子易随农作物或带土苗木等载体传播扩散。

防治措施：在其开花结果前拔除。

98. 象草

Pennisetum purpureum Schumach.

禾本科 Poaceae（Gramineae） 狼尾草属 *Pennisetum*

形态特征： 多年生大型草本。植株丛生，常具根状茎。茎直立，高 2 ～ 4 m，节部光滑或具毛，在花序基部密生柔毛。叶片线形，质较硬，长 20 ～ 50 cm，宽 1 ～ 2 cm 或者更宽，边缘粗糙，腹面疏生刺毛，近基部有小疣毛，背面无毛；叶鞘光滑或具疣毛；叶舌短小。圆锥花序长 10 ～ 30 cm；主轴密生长柔毛，直立或稍弯曲；小穗通常单生或 2 ～ 3 个簇生，披针形；小穗下方的总苞状刚毛金黄色、淡褐色或紫色，长于小穗，生长柔毛而呈羽毛状。

重点识别特征： 丛生大型草本；小穗通常单生或 2 ～ 3 个簇生；小穗下方的总苞状刚毛长于小穗，生长柔毛而呈羽毛状。

生境及危害： 路旁、沟旁、荒地、山谷。与本土植物竞争养分，影响发生地的生物多样性。

分布区域： 桂西南（宁明、龙州、大新、江州、东兴）。

传播途径： 颖果及根状茎易随带土苗木等载体传播扩散。

防治措施： 严格管理种植，限制随意遗弃植株；将其植株连根状茎一同拔除，晒干。

生物多样性保护优先区域

Priority area of biodiversity conservation

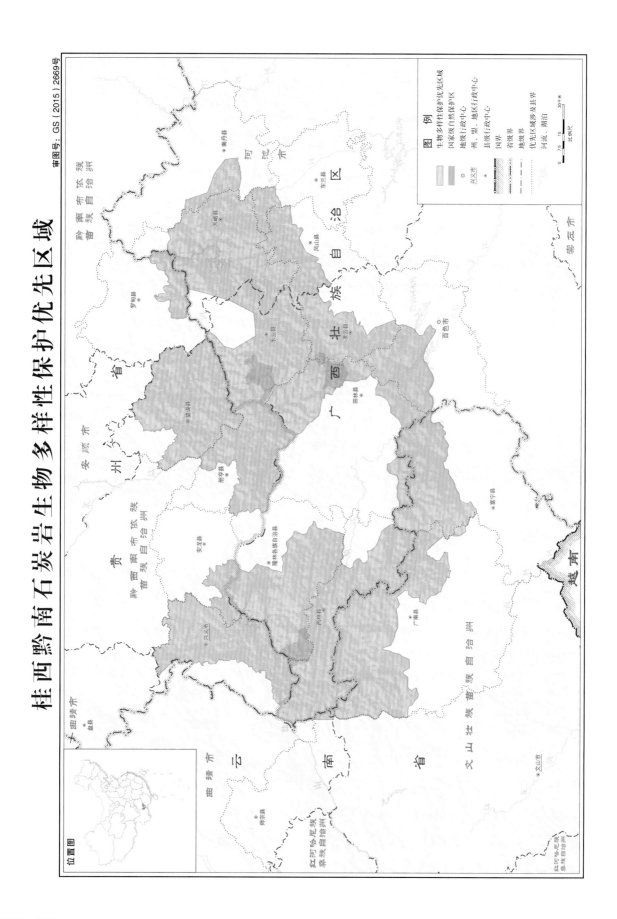

桂西黔南石炭岩生物多样性保护优先区域

审图号: GS (2015) 2669号

254

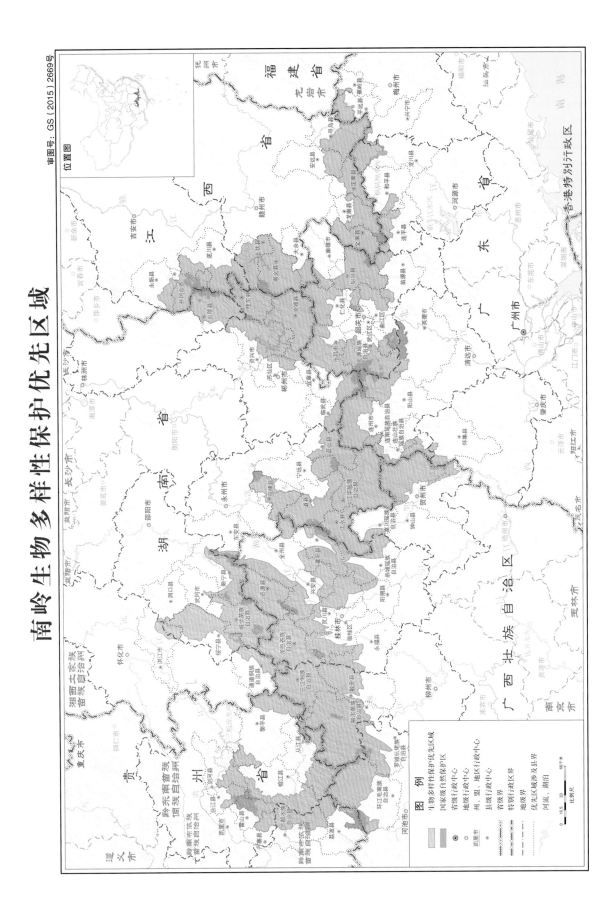

南岭生物多样性保护优先区域

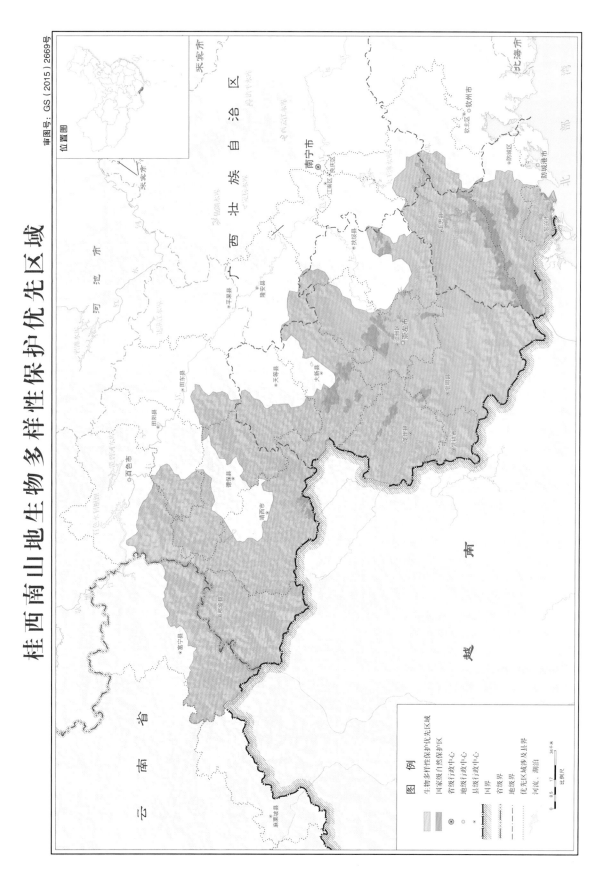

桂西南山地生物多样性保护优先区域

审图号：GS（2015）2669号

位置图